带你去科考

动物探秘

王　强　余建秋◎策划　　陈红卫◎著

四川科学技术出版社

图书在版编目（CIP）数据

带你去科考：动物探秘 / 陈红卫 著. -- 成都：四川科学技术出版社, 2018.1（2021.1重印）
ISBN 978-7-5364-9326-1

Ⅰ. ①带… Ⅱ. ①陈… Ⅲ. ①动物–少儿读物 Ⅳ. ①Q95-49

中国版本图书馆CIP数据核字(2018)第275526号

Daini Qu Kekao Dongwu Tanmi

王 强 余建秋◎策划 陈红卫◎著

出品人	钱丹凝
责任编辑	夏菲菲 李蓉君
责任印制	欧晓春
出版发行	四川科学技术出版社
制 作	成都华林美术设计有限公司
印 刷	三河市同力彩印有限公司
成品尺寸	170mm × 240mm
印 张	10
插 图	165幅
字 数	120千
版 次	2018年1月第1版
印 次	2021年1月第2次印刷
书 号	ISBN 978-7-5364-9326-1
定 价	49.00元

■ 版权所有 · 侵权必究
本书若出现印装质量问题，联系电话：028-87733982

本书由成都大熊猫繁育研究基金会资助出版

DONG FANG LIANG
FAHIONS

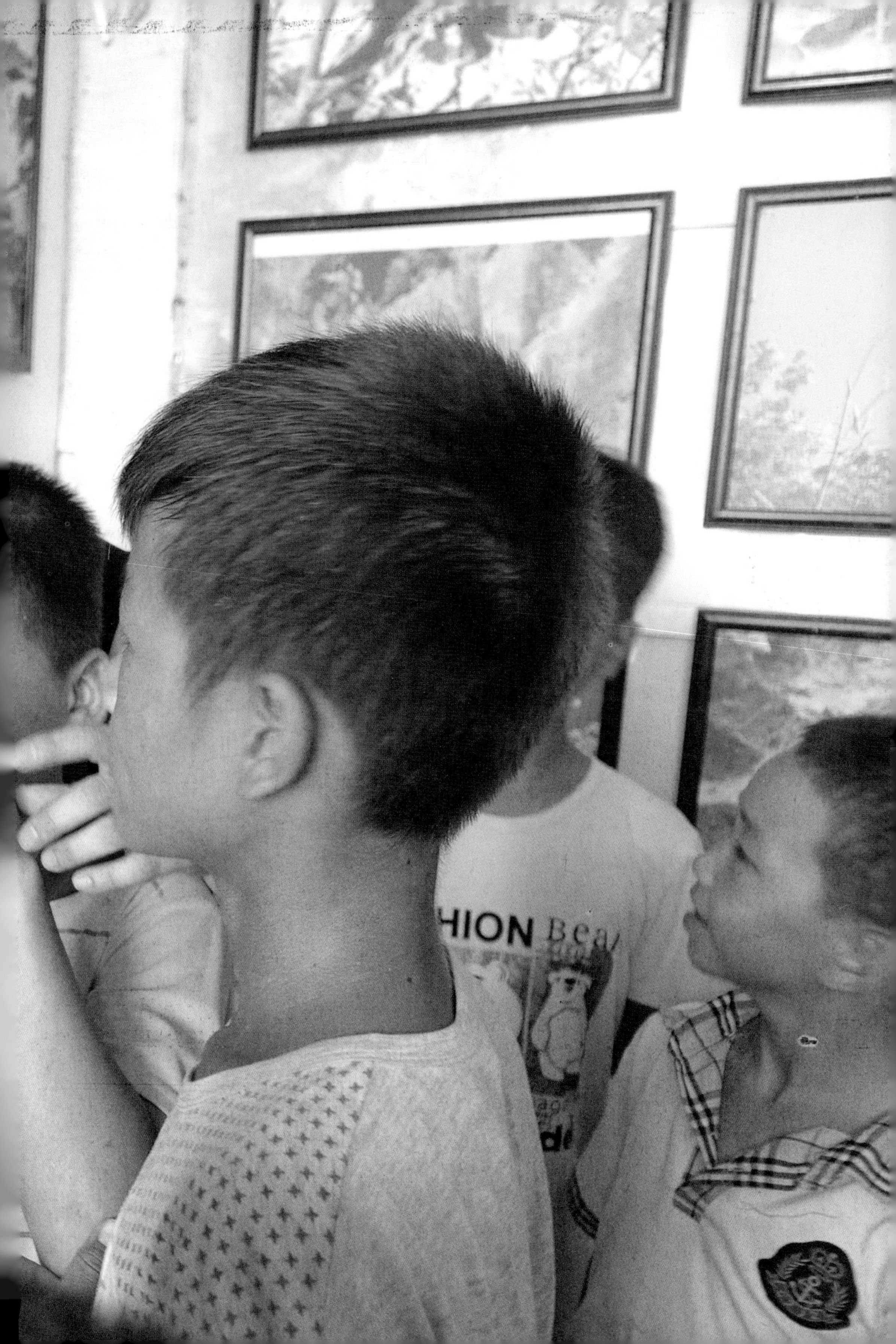
HION Bea

CONTENTS | 目录

大熊猫探秘

世界焦点……010

跟随“大熊猫之父”去科考……011

藏羚羊揭秘

高原精灵……036

命运多舛……037

罪恶的“指环披肩”……038

藏羚羊守护神……041

藏羚羊的秘密……045

穿越青藏铁路……051

走近扭角羚

到保护区考察……060

我与扭角羚……069

求偶季节……071

生存天敌……073

舔盐高手……074

独行大侠……075

成为明星……077

赵尔宓院士蛇类探秘

两栖和爬行类动物专家赵尔宓……080

蛇岛揭秘人 083

“莽山烙铁头”命名人 087

墨脱的蛇.. 090

白头叶猴科考诸事

白头叶猴发现者 096

白头叶猴，我来看你了 099

白头叶猴之秘密 104

关爱滇金丝猴

“红唇一族” 118

“亲密爱人” 118

多年监测.. 123

最佳同盟军 124

揭秘.. 127

呵护世界独生子黔金丝猴

黔金丝猴活体的获得 130

动物园的老朋友来了 135

探秘川金丝猴

金发美猴.. 145

我们的故事 157

致谢.. 159

带你去科考
动物探秘
Giant Panda
大熊猫
探秘

大熊猫　胡杰 / 摄

世界焦点

大熊猫梦梦、娇庆赴德　侯蓉提供

“娇庆”“娇庆”……

“梦梦”“梦梦”……

一瞬间，仿佛全世界都在同声呼唤着……

“娇庆”“梦梦”这对大熊猫再次掀起全球新闻热浪。

来了！

来了！

在悠扬的中国民乐声中，中国国家主席习近平和德国总理默克尔欢欢喜喜地走到柏林动物园为大熊猫馆开馆。

中国风大熊猫馆，中式拱顶的“大象门”，红墙绿瓦的圆顶，红色的栏杆及中文“熊猫”提醒所有人：大熊猫来自中国，它承载了中德两国人民的友好情谊。

欢送大熊猫娇庆和梦梦代表团在德国　郭立新提供

大熊猫不仅是生物意义上的佼佼者，也是和平、友谊的大使。

太可爱、太呆萌啦！的确，人们都热爱大熊猫。但是关于大熊猫的秘密，又知道多少呢？还是让我们随科学家一起来科考探秘吧。

跟随“大熊猫之父”去科考

有“大熊猫之父”之称的胡锦矗教授到野外进行科考的次数，估计连他本人也无法准确地回答。

能够跟随“大熊猫之父”参与科考活动，对我而言是幸运的。虽然有些艰苦，但更多的是快乐。

专家档案

胡锦矗，西华师范大学（原南充师范学院）教授，世界著名的大熊猫研究专家，中国大熊猫研究第一人，国际公认的大熊猫生态生物学研究的奠基人，被誉为我国的“大熊猫之父”“熊猫教授”，是研究“国宝”的“国宝”。

“大熊猫之父”胡锦矗　胡锦矗提供

我是很幸运的。因为我曾经有幸跟随胡锦矗教授在四川省王朗、九寨沟、黄龙国家级自然保护区考察过。

2002年，我虽然已工作多年，但对野生动物科学考察还是知之甚少，我报考了四川师范学院（现为西华师范大学）动物学专业的研究生班，成了胡锦矗先生的弟子。

胡锦矗教授（左一）和作者合影

初夏时节，我和同学们来

到王郎自然保护区听老师们集中授课。

教室就在空气清新、风景如画的保护区。重峦叠嶂，谷地幽深。山雾像天边飘浮着的轻纱，山间白云缭绕，远处一片山水迷离，好似一幅水墨画。

王朗保护区的空气质量和学习环境非常好，在这里学习很安心。

李明富在唐家河自然保护区科考
唐家河保护区提供

大熊猫调查队跋山涉水进行科考　石凌提供

大熊猫野外科考人员的基本要求如下：

1. 有良好的身体素质，能够适应野外的工作和生活；
2. 具备一定的野外生存知识；
3. 具有良好的安全防护意识和一定的安全防护技能；
4. 具有良好的生物学专业知识；
5. 具有野生动物保护行业的从业经验。

野外调查装备

1. 服饰：包括帽子、迷彩服、鞋、手套、背包、雨衣、气垫、睡袋等。

2. 设备：包括GPS、罗盘、地形图、通讯电话、记录笔纸等。

3. 必需品：包括刀、手电筒、绳索、火柴（或打火机）、应急食品、饮用水、常用药品等。

小贴士

“黑白熊”、猫熊与熊猫

法国巴黎国家博物馆展出了戴维从中国带回的“黑白熊”兽皮。“黑白熊”有一张圆圆的大白脸，眼睛四周有两圈深深的黑斑，像是戴着一副墨镜。博物馆主任米勒·爱德华充分研究后认为：它既不是熊，也不是猫，而是与中国西藏发现的小猫熊相似的另一种较大的猫熊，便正式给它定名为“大猫熊”。

1939年，在重庆平明动物园举办的动物标本展览中，“猫熊”标本最吸引观众眼球。它的标牌采用了流行的国际书写格式，分别用中文和拉丁文注明。但由于当时中文的习惯读法是从右往左读，所以参观者把“猫熊”读成“熊猫”，久而久之，人们就约定俗成地把“猫熊”叫成了“熊猫”。

考察队员的“卧室”　石凌提供

第一个向西方世界介绍大熊猫的戴维

1867年，四川省雅安市宝兴县邓家沟天主堂神父阿尔芒·戴维第二次来到中国，他来到了物种丰富的四川，在担任神父之余，沉下心来研究中国的动植物。1869年3月11日，在上山采集标本的归途中，戴维走进一家李姓农户喝茶。在那里，他发现主人墙上挂着一张兽皮，黑白相间，十分美丽。博物学家的敏感，让他感到这张兽皮很不寻常。戴维对这张兽皮发生了浓厚的兴趣，他看了又看，摸了又摸，初步判定这是一种熊科动物，但这种熊不寻常，特别是那黑白相间的皮毛和两个黑眼圈很独特。

戴维

此后，戴维解剖了小“白熊”，发现其具有熊科动物的特征。

1869年5月4日，戴维再次认真研究“白熊”，他给“白熊”取名“黑白熊”，这就是后来闻名遐迩的大熊猫（又叫猫熊）的第一个动物学上的正式称呼。

胡锦矗教授（左一）在辅导作者

其中最为生动的课，就是现场教学和科学考察了。

高高的蓝天上，总是白云飘飘。

我们快乐地行走在森林中。

“咕咕……咕咕……”科考途中，胡老师时不时学着鸟叫。他总能根据鸟儿的发声、节奏来分辨不同的鸟类，胡老师丰富的专业经验让我佩服得五体投地。人们常常说花香鸟语，真正能够听懂鸟语还是不简单。仔细听，经常听，才能够听出不同。但是，那时的我，还不能把鸟语和鸟本身直接联系起来。

“小陈，快来看，这是什么呢？看仔细点。”

我抬头望，高高的白桦树和红桦树密密麻麻，云杉和冷杉苍劲挺拔。空中还能够见到随风飘舞的松萝。

“哦，暗针叶林呀，大熊猫最喜欢的地方。”眼前的景象令我大为赞叹。

“还有呢，那！”顺着胡老师手指的方向，我看到了好大一片箭竹。胡老师让我们更近些，仔细领会什么是“箭竹”的“箭”。竹节处发出来的小枝真像一支一支的箭，名字是这样来的呀，真是很有意思呀。

箭竹　胡锦矗提供

“长得好旺盛！”望着茂盛的竹林，我不由得感叹道……

“这就是典型的大熊猫栖息环境。”胡老师再次给我们介绍道，上有高大的乔木，中间有箭竹和其他灌木。树下有树洞，这样大熊猫就有吃、有睡了！活动时，大熊猫在竹林中穿行也比较轻松。我眼前立即浮现出大熊猫走起路来，摇摇晃晃、屁颠屁颠的可爱画面。

“再看看还有大熊猫的痕迹吗？”

“哦，有哟。”王朗保护区的陈佑平快人快

专家在野外巡察　卧龙保护区提供

语。“来！跟我走。”跟着陈佑平，不一会就看到箭竹被大熊猫咬食过的痕迹。胡老师继续说：“大熊猫吃竹子有什么特点呢？仔细看下，主要是吃竹子中间这段，为什么呢？”经验丰富的雍严格回答道：“我想上端的竹子太细，没有什么实质性的东西，营养价值并不高；尾端的竹竿呢，相对就粗多了，大熊猫吃起来很费力。”“对！”胡老师给予了肯定，还送他一个微笑。我立即到周围看了又看，真的是大熊猫吃过的竹子，切口就像是被撕开的一样。这就是大熊猫的食迹了。

“一般在大熊猫咬过竹子的附近，都会看到大熊猫粪便。你们都找找吧。”

“这边有。”谌利民早就找到了。好厉害的同学，毕竟在保护区跑了这么多年。但我就是找不到大熊猫的粪便,只好跟着保护区来的同学们跑来跑去。

“你看，这个绿绿的就是新鲜的，而这个浅黄的就是有点时间的了，更黄的就是时间有半年了吧。”胡老师肯定地说：“这就是大熊猫经常活动的地方。”胡老师的教学，就这样在现场融入并展开——在王郎国家级保护区的学习时间，就这样飞驰而过，我走一路，学一路，如今回忆起来仿佛一切就发生在昨天一样。

跟胡老师去科考，我开心又快乐。

溜索过河 石凌提供

最难忘的科考经历

在授课间歇，当我问到最难忘的科考经历时，辅导员张建平老师给我讲了下面的故事。

有一天，胡锦矗老师带领科考调查队来到宝兴县盐井汪家沟。一个老乡说，有一只大熊猫死在山对面的丛林里，他立即带上手术工具，去寻找大熊猫遗体。可是，要走进这片丛林，得抱着一个摇摇晃晃的溜筒跨过一个山沟。他率先抱着溜筒，从割漆人留下的锈铁索上溜过。溜不动时，他只好双手把着铁索，一点点往前挪，铁茬刺得他满手是血，人在半空甩来荡去，真是惊心动魄！

在胡锦矗老师的带动下，调查队队员们一个个战战兢兢地溜了山沟。邓启涛是第一个紧随老师溜过来的。师生俩走进丛林，发现了已经有些腐烂的大熊猫遗体。胡锦矗老师拿出解剖器具，对大熊猫进行解剖，寻找大熊猫的死亡原因。剖开一看，大熊猫肚子里全是蛔虫！从咽喉到肠道扭成一团又一团。

究竟有多少条蛔虫？邓启涛估计了一下，说："胡老师，这只大熊猫恐怕长了几千条蛔虫吧？"

胡老师没吱声，他用镊子把蛔虫一条条拣出来数。邓启涛明白，胡老师在用行动告诉他，科学讲究严谨，要用事实说明问题。他也跟着老师弯下身来，用镊子把蛔虫一条条地拣出来数。最后得出的结果是2336条！真是吓人一大跳。

胡锦矗老师想，为什么大熊猫出生率低？与大熊猫的蛔虫病有关吗？

然而，科学只靠推断是不行的，必须要有大量数据才能得出统计学的结论。

为了取得大熊猫寄生虫研究的宝贵资料，胡锦矗老师冒着生命危险，在大熊猫王国里行走，他曾走过多少惊险之路啊！1974年盛夏，在汶川县草坡乡，胡锦矗老师的调查队迷了路，在阴暗闷热的原始森林中失去了方向，队员们一个个喉咙冒火，渴得心慌。危急时，胡锦矗老师发现地面有些湿，便抓起一把泥炭藓，居然挤出一些水来。大家边走边找泥炭藓，收集到两饭盒泥水，煮了一顿充满土腥味和泥沙的米饭。整整五天，他们就靠着从泥炭藓里挤水煮饭，走出了绝境。

大量案例证明，大熊猫疾病中最普遍、对其身体影响最大的是蛔虫病，高发、常见。由于蛔虫病而导致大熊猫体质差，正常的生理功能受到影响。严重的蛔虫病已直接导致好几只大熊猫死亡。

在科考过程中，胡锦矗老师不忘教书育人，言传身教，用行动告诉大家科学是严肃的、严谨的，这影响了众多学生，也“打造”出动物界的“胡家军”。胡锦矗老师不仅研究大熊猫的寄生虫，还通过对大熊猫粪便的比较分析研究，确定了大熊

大熊猫粪便　卧龙保护区提供

猫的年纪、种群数量、所知大熊猫的活动范围及其规律、成长史、发情期等。胡锦矗老师发明的这套方法后来被命名为研究野生大熊猫的“胡氏方法”。在全国各个科考队的共同努力下，通过1974~1977对大熊猫的活动范围、规律及其成长史、发情期的考察，加上“胡氏方法”的实施，1977年，第一次得出全国的野外大熊猫数量为2459只的调查结果。在大熊猫保护史上，胡锦矗老师所带领的团队写下了属于自己光辉的一页。

见到庐山真面目

野外科考教学在愉快的学习氛围中继续着，课堂从王朗国家级自然保护区向九寨沟转移，不变的是仍然在大自然里实地考察。

途中，蓝天上白云朵朵，坐在汽车里也能够嗅到扑面而来的漫山野花的香气。波斯菊随风摇曳，绿绒蒿美得让我喊“停车”。钻进花海里，多刺绿绒蒿花茎上的小刺也看得真真切切，龙胆草像蓝色星星。突然，一只鸟俯冲猛扎下来，展开双翅，又飞向空中，多么强健威武呀！我一抬头又见一群鸟在盘旋飞翔——十多年过去了，这个画面一直清晰地留在我的记忆里。

多刺绿绒蒿　杨建 / 摄

在九寨沟国家级自然保护区，我有幸聆听胡老师讲述他第一次看到大熊猫的经历。

“那是1981年的事了。”胡老师慢慢讲来，深邃的目光将我们带入多年前那幸福的相见。中美联合科考队正式成立后，胡锦矗和夏勒博士开始了在“五一棚”卧龙自然保护区的科学研究合作。

胡锦矗老师和夏勒博士要在七条观察线路中选一条来进行追踪观察记录。他们每天测量大熊猫在雪地或者冰上的足迹、粪便。胡锦矗老师在追

中美大熊猫联合科考队　胡锦矗提供

踪的时候，常常全身湿透，寒气刺骨，他只有不停地走，才能够使身体稍微暖和一点。追踪线路时，中午，只能够吃“凉心包子”，就是早上蒸熟的包子，到用餐的时候已经完全冻成冰团。吃“凉心包子”，还不能够歇下来吃，要边走边吃，这样才稍微有点热气，以免冻得难受。如此艰辛，就是为了一睹大熊猫的芳容。

行踪！看到，发现——胡锦矗天天为发现大熊猫的行踪而欢喜。

大熊猫究竟在哪里呢？胡老师热切地期盼着与大熊猫的相遇。2个月过去了，还是不见大熊猫的踪影。

春节，是中国人最重要的传统节日，是亲人团聚的日子。胡锦矗同周守德、彭家干、田致祥和王连科及炊事员唐祥瑞还是留在了“五一棚”。

他们搭了两顶帐篷，胡老师与夏勒同住。胡老师设计了七条观察路线，他俩每天走一条，追踪大熊猫，以了解其冬季的活动情况。彭家干负责制作诱捕大熊猫的笼子，每天查看一次是否有大熊猫被诱捕，并观察引诱大熊猫的羊肉、猪骨是否被大熊猫触动过。

功夫不负有心人，1981年3月1日，机会终于出现了。前一天，有考察人员看到大熊猫。胡锦矗在走完“五一棚”后面的一条线后，已经是下午了，虽然衣服已经湿透，感到精疲力尽，但胡老师想，也许今天能够和它相遇。于是决定绕道“白岩”这条线再返回营地，碰运气看是否能够见到大熊猫。刚走到横向白岩的一个山脊上，忽然，胡锦矗听到了从道路正前方传来一阵阵“嗯嗯”的哀求声。胡老师的大脑立刻警觉起来，是羚牛？是小熊猫？不……原来见过的动物迅速在他脑海里一个个想了一遍，都不是。哦，会不会就是大熊猫？他期待着……

随着脚步的移动，“嗯嗯”声也越来越近了。他终于看到了发出“嗯嗯”声的大熊猫，这是一只大约2岁半的大熊猫，它被一只成年大熊猫驱赶到树冠的小枝条上，摇摇欲坠，成年大熊猫爬在粗大的树干上，无法再上树梢，彼此对峙着。胡锦矗静静地在那里观察了约半小时，偶尔也走一走，暖和一下身子。这时夏勒也由白岩走上来了。胡锦矗用手指暗示坡下方的一棵大云杉树上发现了大熊猫。胡锦矗一直观察到下午5点15分，瑟缩着的幼体熊猫又呻吟地叫着，悲伤的声音传遍了整个山谷。几分钟后，它又再次呻吟。后来，那只雄壮的成年大熊猫终于饶过了这只可怜的幼体大熊猫而退下树干。成年大熊猫退下来后，它的腿先着地，最后一条腿滑下来，扯下了一大片树皮屑，而后它迅速消失在竹林里。此时幼小的大熊猫摆脱了困境，紧靠着树干，无视寒冷的黑夜马上就要降临的事实，静静地留在原处。这时山雾已经填满了整个山谷，把重叠的山峦连成一片。

胡锦矗和夏勒相视一笑，两个月的追踪，终于见到了野生大熊猫的庐山真面目。

从同学和老师口中，我还听到好多科考的故事。接下来，与你慢慢一起分享……

科考详情

在野外科考中，胡老师给我们讲起了下雪天追踪大熊猫的事……

调查大熊猫这种隐居动物，下雪是一件天大的好事，

在卧龙“五一棚”作野外调查　　卧龙保护区提供

是最好追踪的天气。因为一场大雪之后，白雪铺满大地，大熊猫的活动踪迹自然会清晰地“印”在雪地上，这样一来，我们既可了解动物们一天的活动情况，还可知道它们走了多远，沿途在哪里采食、休息和嬉戏。

涉水考察　石凌提供

大家的学习任务主要是寻找大熊猫在雪地上留下的脚印。“怎么来判定是大熊猫的脚印呢？”听到同学们的询问，胡老师耐心地讲道：“这是比较容易掌握的。首先，看大小，成年大熊猫的脚比我们的手掌大些。然后，看形状，大熊猫的脚印与人的脚印差不多，但是还要宽些，在野外容易和熊的脚印混淆。熊脚掌底部有足垫，光滑无毛，脚印很清晰；大熊猫脚板有毛，好似穿着毛鞋，既防滑，又保暖，脚印就不光滑。”

在雪地上追踪大熊猫，需要坚持和毅力。胡锦矗老师在唐家河摩天岭考察期间，一个大雨初晴的早晨，他发现了大熊猫，来不及叫其他人，就独自追踪大熊猫，途中突遇暴风雪。从早晨到深夜，他在风雪中走了整整十四个小时。就在累得就快要趴下时，他举起步枪朝天射击，“砰！砰！砰！砰！”终于让七八里外的同伴凭枪声找到了他——一个快要冻僵的“雪人”。

在野外考察大熊猫有很多诀窍。一旦发现脚印后就要一直跟踪，观察大熊猫沿途在干些什么。若吃竹茎，必须测量留下的竹桩高度和竹茎的宽度以及抛弃的竹梢长度与竹茎的宽度，以供以后对比相似竹茎。统计中间所吃部分有多长，一天所吃竹子的数量，也就知道它们一天吃了多少株竹。若采食竹叶，则需记录它们所采竹株的地径和海拔高度，然后记清共采食了多少竹枝的竹叶，以推算其采食竹叶的量。

从雪踪也可了解大熊猫是站立采食，还是坐着采食或是就地休息。大熊猫除采食外，还会随时排便。他们收集全天的粪便烘干称重，若竹叶、竹茎都食用，则分别称重。了解一日排出粪便的重量，就可推测出大熊猫的日食量。

从一日粪便分布情况，还可了解大熊猫的作息时间。游荡采食时，它们排出的

在卧龙“五一棚”工作 卧龙保护区提供

粪便常为1~2团，足迹呈“Z”形。休息1~2小时，在卧迹旁常留下5~10团粪便。夜宿时，卧穴旁粪便多达20团。若为母仔大熊猫，足迹常为一大一小，卧穴处粪便也是一大一小，距离很近。

通过追踪也可了解大熊猫去何处饮水。从卧穴至采食地的距离，还可推测出它们大概什么时间去饮水。另外，通过挠痒、攀树、玩耍等一切活动的踪迹，他们可获得关于大熊猫各种活动的相关信息。

在冰雪覆盖的竹丛里，有一群弓背穿行的年轻人，他们一会在测量树的高度，一会在测量粪便的位置和大小尺寸，一会又在记录本上写下所见场景。看嘛，魏辅文同学沉重的脚步，大伙都知道他很累，但是他眼里都没有一丝怨艾，他还不断给自己打气，“加油,加油！”“坚持就是胜利！”魏辅文无疑为科考队员的优秀代表。大多数人都是每天手脚冻得僵直，湿透的衣裤成了冰盔，头上的汗珠也结为冰珠，但艰辛换来了收获，真是苦中有乐！

全球第一个大熊猫野外生态观察站——“五一棚”

1978年，卧龙自然保护区与原南充师范学院生物系合作，在海拔2520米的“五一棚”建立了世界第一个大熊猫野外生态观察站。从此，拉开了对野外大熊猫、川金丝猴、扭角羚、小熊猫等珍稀动物的生态生物学研究的序幕，并在2500公顷范围内开展了以野生大熊猫为主的珍稀动物的生态、行为的科研工作。

“五一棚”新事

研究生的学习不仅使我学到了动物知识，更让我了解到与大熊猫相关的许多人和事。其中，最值得一提的是，在胡老师等专家的带领下，张和民等一批又一批的青年科考人员勤于实践，勇攀高峰。

一起来听听胡老师口中的张和民吧。

1983年，张和民来卧龙之前没有想到卧龙保护区的科考条件这样艰苦。面对艰苦的生活环境、简陋的工作条件，他有些犹豫了。是走还是留？经过反复的思考，他做出人生中最重大的决定：留下来。

“我了解卧龙，我知道野生动物保护工作的重要意义。”“我有实际经验。”“这里太需要我了。”“我愿意从一点一滴做起。”他的思想已很成熟……

张和民在野外对大熊猫进行无线电跟踪
卧龙保护区提供

回想在“五一棚”科考的艰苦日子，张和民依然记得那样清晰。“五一棚”的冬天，那是真冷啊！山林中一阵又一阵的风，呼呼地吹，滴水成冰、雨雪交加的天气更是叫人寸步难移。可任务还没有完

张和民（正中）参加第二次全国大熊猫野外调查工作中　卧龙保护区提供

成，鼓足勇气，冲出去，好冷，打几个寒颤，跺跺脚，继续干活。手举着无线电接受器，检测信号，换这个方位，不对，又换一个方位。哦，大熊猫移动了，又调整手的位置，举得好累呀。在野外时间稍微长点，飘落在防寒服上的雪就开始融化了，慢慢就打湿了外衣，干活出的汗水又打湿了内衣，不一会防寒服就冻成了坚硬的铠甲，寒气逼人，冰凉！不舒服，太不舒服了。但是工作还得继续做啊。夏天，“五一棚”的确很安静，很凉快，对来此旅游的人来说这是一个胜地，但是对张和民来讲，却是烦事不断。在潮湿的灌木丛中，一会有旱蚂蟥，一会又有草虱子，有时候它们是单兵作战，有时它们还联合袭击……这一切，张和民都挺过来了，更不要说带着血泡走山路，断粮时还连续工作——就这样，从夏天走到冬天，从冬天走到夏天，走过岷山，翻过邛崃山——

蜱虫　石凌 / 摄

艰辛的巡护　黑水河保护区提供

如今，回忆往事，张和民还是充满激情，那是对青春最美好的回忆。在千锤百炼后，当年的小伙子如今早已经成为世界闻名的“大熊猫爸爸”了！

如今，来自中国及世界各地的研究人员还会在“五一棚”安营扎寨，沿着胡锦矗教授和夏勒博士的脚印继续追踪大熊猫的足迹。

1995年，我带着对大熊猫科考队员的深深敬意专门去了一趟著名的“五一棚”。

通过观察可以发现，大熊猫性格孤僻，过着独居游荡的生活。平时很难看到

小贴士

大熊猫四只足掌向内撇，是典型的八字脚。看似步履蹒跚，实际上这样便于在丛林中漫游，采食竹子。大熊猫两只前爪除了五趾外还有一个伪“拇指”。这个伪“拇指”其实由一节腕骨特化形成，学名叫作“桡侧腕骨”，主要起握住竹子的作用。它的前后掌都有黑色粗毛，可在冰雪上行走而不打滑；趾端有坚硬的指甲，利于攀爬。

小贴士

大熊猫的年龄阶段是怎样划分的

一般，可以将出生至1.5岁的大熊猫称为幼年期，1.5～5岁称为亚成体，5岁以上称为成年。胡锦矗教授进一步细化，将大熊猫分为5个年龄组，即幼兽出生至10个月为幼仔组，10个月至1.5岁为少年组，1.5岁至5.5岁为亚成年组，5.5岁至16.5岁左右为成年组，16.5岁之后为老年组。

憨态可掬的大熊猫幼崽　卧龙保护区提供

张和民（左一）与外籍专家肯约翰逊做野外大熊猫调查
卧龙保护区提供

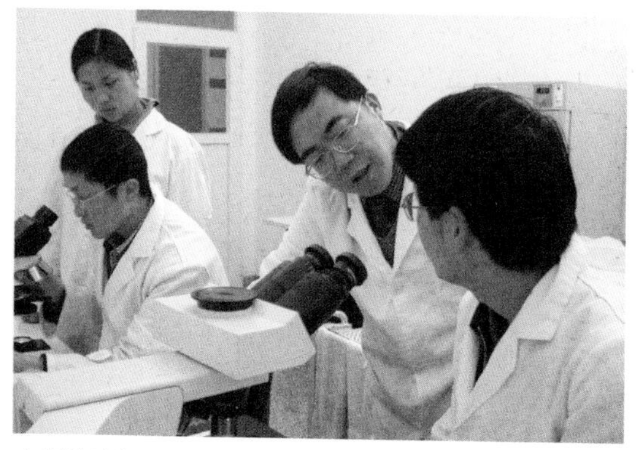

大熊猫科学研究工作（右一为李德生，右二为张和民）
卧龙保护区提供

多只大熊猫在一起生活的情况，只有在恋爱季节，才可能看到几只大熊猫在一起的情景。

大熊猫的恋爱，从春天开始。恋爱的地点，既可能在地上，也有可能在树上。

大熊猫妹妹对“帅哥”还是很挑剔的……

科研人员发现，大熊猫的婚配制实行多配制，1只雌性大熊猫可和2只以上雄性大熊猫“恋爱”；1只强壮的雄性大熊猫也可能给2只以上雌性大熊猫“抛媚眼”。

说起“五一棚”，说起张和民，胡锦矗老师总是赞不绝口。

多数大熊猫的寿命为16~17岁。大熊猫寿命最长的为35岁。

胡锦矗在“五一棚”发现大熊猫每胎仅产1仔。野外常是这样。在人工圈养下，双胞胎却不少。成都动物园主持的“大熊猫双胞胎人工育幼研究”项目为大熊猫物种保护做出重要贡献，我庆幸自己是个参与者、见证人，能为大熊猫保护助力。

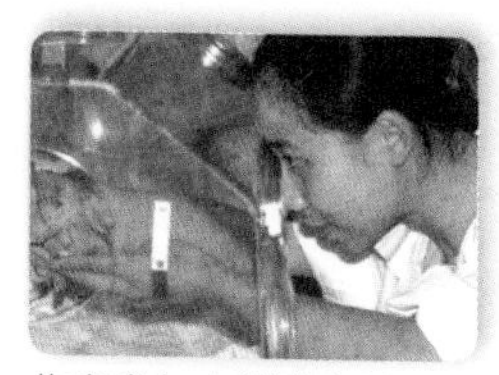

作者参与大熊猫育幼工作

作者抚育大熊猫隆浜和秋浜

全国第四次大熊猫调查考察队员出发　四川省林业厅提供

第四次大熊猫野外调查

从1973年至2013年，全国性的大熊猫资源调查开展了四次。参加了四次科学考察的科学家屈指可数，胡锦矗教授就是其中一位。在第四次科学考察中，胡老师的重点工作是方案制定、方向把握、培养新人。

王朗国家级自然保护区成为全国第四次大熊猫调查野外调查试点。2011年6

大熊猫“人口普查”数据表

历次调查	时间（年）	全国数量（只）
一调	1974~1977	2459
二调	1985~1988	1114
三调	1999~2003	1596
四调	2011~2013	1864

全国第一次大熊猫调查，简称“一调”。以此类推。

攀岩　石凌提供

跟踪熊猫　胡锦矗提供

月，70多位大熊猫野外科考人员，开始了绵绵大山中寻找大熊猫踪迹的科考活动。

时间飞驰，转眼全国野外大熊猫考察的工作已结束，大熊猫科考的经历却已经成为很多人平凡、感人而又难忘的回忆。

新　人

全国第四次大熊猫调查参与的单位很多，除了各自然保护区之外，科研院所和动物园也派了人。成都动物园派出了石凌和周郎两位新人。两个小伙子都是学资源管理和保护区保护专业的大学毕业生，但是他们很少有机会参与到野外考察工作中。

野外做记录　石凌提供

第一次到野外工作，就能够参加全国大熊猫调查，石凌和周郎既喜悦，又备感压力。出发前，成都动物园王强园长亲自给两位即将参加野外考察大熊猫的队员进行动员，对两人又是鼓励，又是肯定。两人兴高采烈地到了雷波县，开始了成都动物园在野外大熊猫的考察工作。

他们各项科考工作的准备都很到位，到现场一试，才感到他们的体力不够好，是弱项。虽然两个人为了大熊猫科考已提前做了专门的体能训练，但是和保护区工作人员、向导一比试就发现还是弱一些。“不怕，体能是锻炼出来的。”他们暗下决心，加强锻炼，增强体质，提高体能。天道酬勤，很快两个人就适应了野外考察，也有足够的体能来进行考察活动了。

如今科考的物质生活条件比原来好多了，队员们已经不需要吃“凉心包子”了，中午几块蛋糕、两个鸡蛋、一个苹果下肚感觉还不错。

“大熊猫野外调查中的困难，是常人难以想象的。”石凌回忆起当时工作时感慨道。的确，当我们看到小石浮肿的脸颊的时候，都明白这句话的含义。

2012年6月的一天下午，太阳炙热，暑热难熬。结束了一天的考察，队伍行进在汶川雷波县往耿达县的路上。“马蜂！”“马蜂！”有人捅到了“马蜂窝”。这下子惹事了。科考队伍的行进打扰了马蜂的美梦，马蜂疯狂地追击着队员。小石走在后面，心里还在想途中诸事，完全没有注意背后飞来的是马蜂。随着一阵“嗡嗡”声，马蜂扑了过来。“嗡”——小石再听到这个声音的时候，脑袋已经被盯上了。“快，快跑。”科考队员们飞奔起来，跑过山冈，又跑过小树林。在跑到小河边时，这群马蜂仿佛也追击累了，丢下“猎物”自己飞走了。

终于有停下来喘气的机会了，一清点，有5个人被蜇了，最惨的就是小石，后脑勺、手背、脸都被蜇了。“快，快动手，先拔出刺。”不知谁说了一句，大伙手脚麻利地把马蜂刺从小石脸上拔出来。小石一阵大呼小吼后，脸已肿了起来，他还觉得头部有点麻木。此后的两天，小石的眼睛红肿，看起来只剩下一条缝。

石凌被马蜂蜇伤 石凌提供

科学考察，既需要智力，又需要体力，还需要有牺牲精神啊！

走在密林中，即使很注意，划破手脚也是经常发生的事。在小石和小周的手臂上都能够清晰地看到长短不

大熊猫科考注意事项：

1.了解当地地理、气象等自然环境状况；

2.遵循当地风俗习惯；

3.禁止野外单人作业；

4.禁止夜间和极端天气条件下作业；

5.注意野外用火安全；

6.遭遇突发情况，一切以保护人身安全为首要任务。

一的划痕。

在大熊猫四调科考中，小石、小周通过努力，不仅提高了专业技能，了解了非损伤性遗传学数量调查法和遥感辅助调查等先进的调查手段，掌握了用野生动物栖息地评估领域最成熟的模型进行栖息地评估方法，还为成都动物园在大熊猫的综合保护中争得了荣誉。

收获颇多

经历了试点工作、实地考察，经历了风风雨雨，经受住2013年4月20日的芦山地震，经受住各种考验，全国第四次大熊猫野外调查的工作顺利结束了。为新人的成长而欢欣，为发现大熊猫更多的秘密而雀跃。

宜宾首次发现大熊猫踪迹。

在卧龙野外调查中，两次拍摄到野生大熊猫，发现痕迹多处。在卧龙自然保护区海拔3000米左右的针阔混交林的一棵树上，又一次拍摄到野生大熊猫活体，并且

是一只约一周岁的大熊猫幼仔。中央媒体也争相报道。

在国家林业局的指导下，成都动物园以全国第四次大熊猫调查的事实为基础，创作编写了《寻找蓝星上的熊猫王国》，向读者介绍大熊猫趣事及科学知识。

如今，我随胡老师科考已成往事，而人类探索大熊猫奥秘的步伐仍在继续。大熊猫科考人，依然在路上。

中央台新闻播出

四川第四次大熊猫调查发现一只野生大熊猫幼仔

sina 新闻中心 新闻中心 > 正文

卧龙保护区拍到野生大熊猫

大 中 小 全文浏览

成都商报讯（记者 余文龙）记者从省林业厅获悉，第四次大熊猫调查队在卧龙保护区盘龙寺东部附近拍摄到野生大熊猫幼崽。这组队员于6月30日出发，7月12日，队员们在海拔3000米左右的针阔混交林的一棵树上，发现一只约一周岁的大熊猫幼崽。队员们在山顶上有信号的地方将这个消息

带你去科考 动物探秘

藏羚羊揭秘

Tibetan Antelope

藏羚羊　奚志农 / 野性中国

高原湖泊——藏羚羊的家　奚志农 / 野性中国

高原精灵

深邃的蓝天，缥缈的白云，横亘的雪山，神秘的冰川，宁静的湖泊，出没的藏羚羊……

天人合一，人与藏羚羊共同生存的场景，在青海可可西里和三江源，在新疆阿尔金山，在西藏羌塘，时常可见。

这，就是广阔的青藏高原，就是藏羚羊赖以生存的家园。美丽的青藏高原，像一个遥远的仙境飘忽在人们视野之外。

藏羚羊如同一群身材矫健、奔跑如飞的精灵，有的头顶竖琴般的犄角，有的护着藏羚羊宝宝，身披红、白、黑三色相间的彩衣。它们时而翻过一座座高山，时而越过一道道冰河，给青藏高原带来无限生机，这就是高原的精灵——藏羚羊。

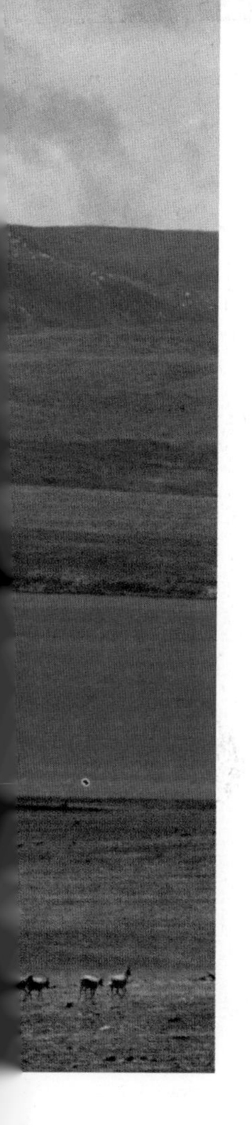

命运多舛

翻开历史，我们可以看到在20世纪中期藏羚羊的数量曾高达上百万只。可以想象，那时在冰山下、湖泊旁，风吹草动，一群一群的藏羚羊在安闲游荡。但是，20世纪末，藏羚羊的数量急剧下降，只有10万只左右了，现在再也难以见到集群数量超过2000头的藏羚羊群。在许多昔日藏羚羊集聚的地方，如今只能看到零星的藏羚羊。

藏羚羊，这个我国独有的高原物种已经走向灭绝的边缘了。

是什么原因导致藏羚羊数量急剧下降呢？带着对藏羚羊的一串串疑问，从20世纪50年代开始，科学家开展了一系列野外考察和研究。1973年，冯祚建和郑昌琳等在青藏高原的综合考察工作中就已经关注到藏羚羊的生存状况。1991年，顾滨源和夏勒等开始了中美联合考察藏羚羊的工作。

考察报告、论文、现场，中国科学院动物研究所杨奇森研究员对所有收集到的资料进行认真的分析后，面对如此沉重的话题，快人快语的杨奇森研究员也将语速降了下来，从嘴里慢慢地吐出4个字——原因多多。

首先，全球变暖，气温升高，保护区内冰川融化速度加快，湖泊水位明显上涨，气候变化有可能导致某些传染性疾病流行，使动物种群自然死亡率上升。其次，环境变迁，草原退化，导致藏羚羊的食物基本退化。再次，人类活动范围的扩大，人类的活动“骚扰”到了藏羚羊的“家”。原来是迈开双脚去放牧，现在已经变为赶马车、骑摩托车，甚至还有人开着汽车去——现在人和牛羊的活动范围越来越大，家畜数量增加和藏羚羊争夺草场。

最后，在所有原因中，最严重的还是对藏羚羊的猎杀！特别是人类对藏羚羊大肆地偷猎！

罪恶的“指环披肩”

完全没有想到，能够看到这充满罪恶的“指环披肩”。

Shahtoosh，你听说过吗？音译为“沙图什”，我想大多数人都没有听过。这是克什米尔地区对藏羚羊毛的称呼。由于藏羚羊适应高寒气候，藏羚羊毛（绒）的保暖性极强，被称为“羊毛之王”，在克什米尔地区称为“沙图什(Shahtoosh)”。用藏羚羊绒制成的披肩又轻又软，可以从指环中穿过，因此被称为“指环披肩”。2017年1月15日，我永远都会记得这一天，在国家林业局野生动植物检测中心我见到了“指环披肩”。

我曾多次到东北林业大学野生动物学院访问，但是到国家林业局野生动植物检测中心还是第一次。这里面有许多国宝级的标本，一般不对外开放。徐艳春教授看到我对馆藏特别感兴趣，所以特别做了一次安排，我得到一个近距离观察的机会。我从门口开始，仔细观看着一件件珍贵的标本，突然，“藏羚羊羊绒披肩”的字样映入我的眼帘。我不由得更加认真地看，它们一共三件，哦，还有编号、来源等信息。从三个标本登记卡的日期都是2001年5月8日来看，应该是同时获得的。这真的是很普通的三条披肩，看起来普普通通。素色的那条是很普通的披肩，一面是豆沙绿，一面是土黄色，看起来比较雅致；一条是黑底，上面着有红色植物花卉图案，平常中透露出端庄；一条是土白色底，配粉红色小花图案。完全不能够让人联想到“奢侈品”三个字。三条折叠得整整齐齐的披肩，静静地放在玻璃柜中，看似简单普通的披肩，这可是九只藏羚羊的生命呀！

指环披肩

真的是充满罪恶的藏羚羊羊绒披肩吗？真的是每条要三只甚至更多只鲜活的藏羚羊生命换来的羊绒披肩

吗？我心中充满了疑问。

收缴的披肩

徐艳春教授看到我伫立在玻璃柜前，疑惑不解的样子，马上就走过来。他细细陈述了三条披肩的由来。原来，这是2001年国家海关在通关物品中发现的疑似违规品。“这是藏羚羊羊绒披肩还是其他普通羊绒披肩呢？”这关系到定罪量刑。要弄清事实，据实处理。国家海关把收缴的物品进行司法鉴定的任务交给了国家林业局野生动植物检测中心。中心接到任务后，通过科学的观察，仪器的准确测试和分析，得出了这是藏羚羊羊绒披肩的结论。“罪恶啊！罪恶！”中心以鉴定报告形式发出了愤怒的吼声。非法拥有者被绳之以法。科学助力，让杀害藏羚羊、交易藏羚羊羊绒披肩的人都得到法律的制裁。

听到我正在写关于藏羚羊的科普读物，徐艳春教授又特许我近距离触摸了三条披肩，切实感受披肩。我把三条披肩放在桌前，左手摸摸、揉揉，素色的比较柔

作者测试中

软；有花的，柔性稍微差点点。右手把披肩托起、掂掂，一条、换一条、再换一条，都是轻轻地。

我把牛李丽院长的戒指取下来。先测试黑底小花那条，先穿过一角，“向前，向前”轻松地穿过一半长度。我又和肖老师一起做了素色那条的测试，也是很快穿过戒指。牛院长也来体会了一下，戒指轻松地滑到中间。啊！这就是指环披肩呀。“指环披肩”“指环披肩”“罪恶的指环披肩”……我在心中默默地重复念叨着。

我和牛院长又把披肩披在身上，感觉同一般羊绒披肩没什么两样，并没有什么特别的美感；相反，我还从中闻到了浓浓的血腥味。我和牛院长都说：“我们绝对不要这样的披肩。”当我把照片及照片的故事告诉同事及家人的时候，他们也纷纷表示，不会因为一个披肩去伤害生命。

因为“指环披肩”，藏羚羊付出美丽的代价，承载着生命的悲歌。

正如因为象牙，大象惨遭屠杀。

正如因为熊掌，熊被下套猎杀……

人类呀，要克制膨胀的欲望，为生活在同一星球的动物伙伴们留下更多的希望。

也许在极少数人眼里，它是华贵美丽的，但是却充满血腥。正是因为国外等地“高贵、时尚”人士对“指环披肩”的追求，藏羚羊绒及其制品贸易才未能得到有效打击和制止。某些国家和地区一直存在着藏羚羊绒加工及贸易，由此带来的丰厚利益，刺激盗猎活动愈演愈烈，直至威胁藏羚羊的生存。女式“指环披肩”多为2米长，1米宽，重约100克；男式“指环披肩”比女士披肩大一半。据印度野生动物保护协会提供的资料显示，女式的“指环披肩”需要三只藏羚羊的生命为代价，男式的则需要更多藏羚羊的生命代价。贵族们对高贵的“指环披肩”的需求，“沙图什”高额利润的驱使，正在使藏羚羊的家园变成一个屠宰场。

我要真心地告诉读者：藏羚羊羊绒披肩虽有轻柔的特点，但是在保暖及美观方面，现代工艺完全能够找到替代品。其他羊绒产品、丝绸等都能够到达或者超过它的效果，完全没必要以藏羚羊的生命为代价，法律也不允许任何人因此去伤害藏羚羊。

必须遏制人为的猎杀！为此，我国政府划定了藏羚羊保护区。

藏羚羊守护神

在成千上万的保护者中，索南达杰是最值得书写的一个。

杰桑·索南达杰是在藏羚羊栖息地长大的一个藏族同胞，他非常热爱养育自己的故乡，热爱美丽的藏羚羊。为此，大学毕业时，他放弃了留在城里工作的机会，回到故乡任教师，为藏区的教育事业奉献自己的聪明才智。后来，他又在任乡党委书记时踏遍家乡的山水。他，在1992年7月，组织了中国第一支武装反盗猎的队伍——治多县西部工委，别称“野牦牛队”。

“我爱我美丽的家乡”“我爱这儿的每一只藏羚羊、每一座山、每一滴水。”面对风景独特的青藏高原，索南达杰常常吐露自己的心声。他带领大家12次进入平均海拔5000米以上的可可西里无人区，进行野生动植物资源的调查和从事以“藏羚羊”为主题的野生动物保护工作。

他的心，为藏羚羊而跳动。

他的血，为藏羚羊而流淌。

让索南达杰感到欣慰的是，在野牦牛队一年又一年的努力下，偷猎藏羚羊的违法行为得以控制。但他心里也很明白，在他们脚步难以达到的可可西里区的某些角落，罪恶的枪声仍然余音低回，猎杀依然时有发生。保护藏羚羊真是任重而道远啊！

1994年1月18日，索南达杰和4名队员在可可西里抓获了20名盗猎分子，缴获了7辆汽车和1800多张藏羚羊皮。

看着这沾满鲜血的藏羚羊皮，索南达杰眼前就浮现出一批批藏羚羊在呻吟中死去的悲惨场景，心中的气愤难以平息。

这已是索南达杰第12次进入可可西里的第11天。走了大约四五十公里，来到太阳湖附近的马兰山，此处地势凹凸不平，车子颠簸严重，索南达杰已经3天没吃饭、没睡觉，身体极度虚弱，受不了颠簸，于是转移到平稳一些的卡车上。行至太阳湖西岸时，索南达杰所乘卡车两个左轮爆胎，不能够行走了。索南达杰派韩伟林和靳炎祖先去追赶前面的车队。晚上8点，两人在太阳湖南岸追赶上大车队。

韩伟林和靳炎祖派了一辆车去接索南达杰，其他所有的吉普车和大车排成

被偷猎的藏羚羊　奚志农 / 野性中国

“一”字形，他们则将西部工委的吉普车停在车队的对面。

就在这个时刻，险情发生了。盗猎者蓄谋已久的“谋反”方案，开始实施了。歹徒仗着人多，很快把韩伟林和靳彦祖控制住了，将两人扔到西部工委的吉普车里。韩伟林被反绑在驾驶座上，嘴里塞了床单，头被狐皮帽套上，但透过空隙，他看得还是真切。眼前的一幕，让他惊呆了。盗猎者拿出吉普车里的几十支枪，装上子弹。他们真是人手一枪，还排兵布阵了，歹徒将车发动，一辆辆车排成弧形，形成半包围圈，面对索南达杰来的方向。“他们要下毒手了。”韩伟林多么想去报信，可是他不能动弹。嘴里塞着床单，使他喊不出声来。

车灯熄灭，可可西里陷入沉默和黑暗，像死亡一样令人窒息。

远处车灯越来越亮，索南达杰来了！

随着一阵“滴滴”声，载着索南达杰的车在车阵前50米停了下来，还友好地和前车打招呼。

“怎么车灯都熄灭了，情况不对呀。”索南达杰感到有些吃惊，心生警惕。他的司机听到索南达杰轻声地说道：“可能出事了。”只见索南达杰拔出那支生锈的五四式手枪。三个盗猎者冲上前来，欲将索南达杰制服。“啪啪”只见索南达杰扣动了那把五四式手枪的扳机，马忠孝被当场击毙，韩阿果被打伤。

盗猎者发疯了，全部开枪。盗猎者马生华打开车灯，灯光扫向索南达杰，二三十米开外仰卧的索南达杰迅即朝盗猎者开了一枪。黑暗中“啪啪”“嗒嗒”“啪啪”一阵枪声响起，所有的子弹打向索南达杰的方向。

索南达杰一个人，盗猎者十一个人。索南达杰是五四式手枪，盗猎者是步枪……力量悬殊啊——令人心颤的枪声中，英勇的索南达杰倒下了。

所有的车灯全部熄灭，十余分钟后，枪声停歇。歹徒各自逃命。

寂静，高原很快陷入无声无息。

枪声响起时，靳炎祖和韩伟林挣脱捆绑逃脱。第二天天刚亮，当双手冻僵的靳炎祖握着一把马刀再回现场时，索南达杰已成冰雕。他右手依然保持着扣动扳机的姿势，只是那把五四式手枪已掉在地上。

噩耗传开，救援的人们在一周后终于赶来。

轻轻地，轻轻地，大家为他盖上一张藏羚羊皮。

太阳湖可以作证，马兰山可以作证，索南达杰为藏羚羊流尽了最后一滴血。

藏羚羊在哭泣。

他才40岁啊！多么年轻而又有活力的索南达杰，藏羚羊多么需要你的呵护啊。

2003年，以索南达杰事迹为模本而拍摄的电影《可可西里》公演了。这个关于藏羚羊的凄美故事，让这种美丽的动物，多了一抹悲剧的色彩。“震惊！”“藏羚羊！”“要保护她！”一批批有识之士的心灵受到洗涤，在擦干眼泪的同时，也投入了保护藏羚羊的战斗中。

索南达杰的血，没有白流。中国，为之震动；世界，为之震动。

此后，藏羚羊，拥有了更多更大的保护区。1995年10月，可可西里省级自然保护区成立，1997年12月，升格为国家级自然保护区。青海可可西里、新疆阿尔金山、西藏羌塘都成为藏羚羊自然保护区。2017年7月7日，可可西里因其丰富的生物多样性和濒危物种获准成为中国第51处世界遗产。可可西里国家级自然保护区保持着完整的藏羚羊迁徙线路，支撑着藏羚羊不受干扰的迁徙，成为中国面积最大的世界遗产地。

受索南达杰感召，藏羚羊拥有了更多的保护志愿者，如杨欣、易懿敏、赵文耕、童岗等。

这样的事例，还有很多很多——每一个藏羚羊保护志愿者都有自己关于藏羚羊的故事。

“高原精灵”藏羚羊正是在一批批守卫者的悉心呵护下，以它特有的坚韧向世人述说着“生命禁区”的神奇。

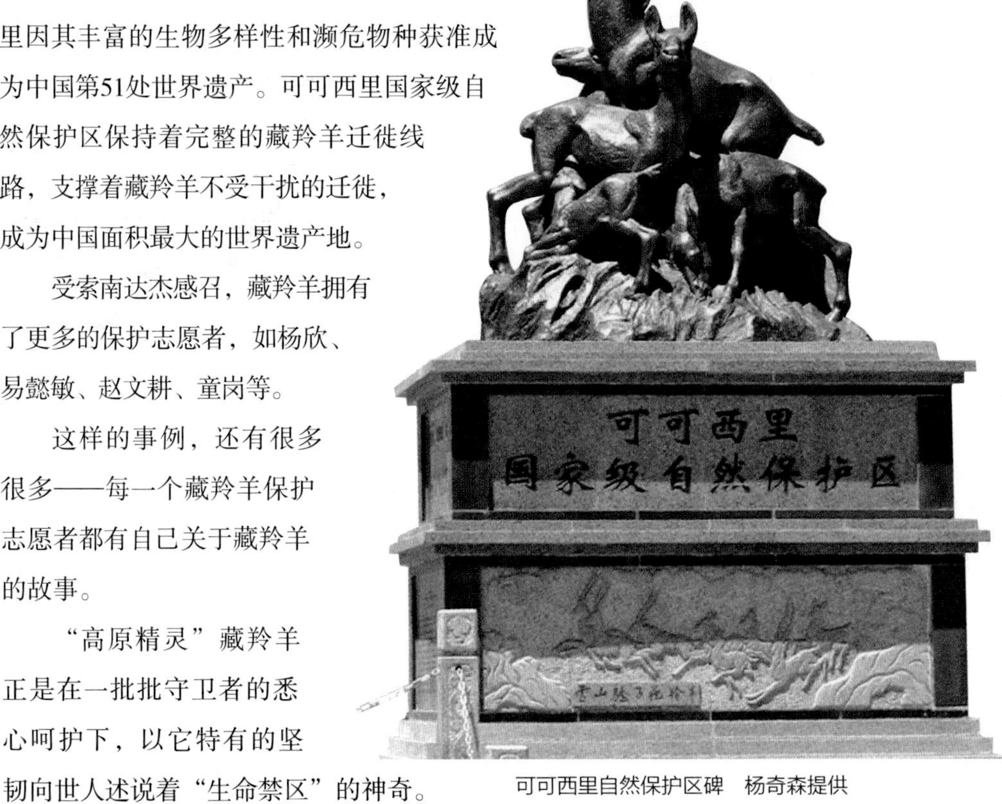

可可西里自然保护区碑　杨奇森提供

藏羚羊的秘密

藏羚羊到底藏着多少秘密呢?

繁殖地在哪里

1991年，世界有蹄类动物权威专家、美国纽约动物学会世界濒危物种研究室主任乔治·夏勒博士提出了一项科学考察项目——揭开藏羚羊繁殖地之谜。在中国科学院的组织下，顾滨源、刘宇军等科学家和摄影师都到齐了。11名队员齐聚一起，宣布中美联合藏羚羊科学考察队成立了。

科考队出发了，越野车如同小小的钢铁甲虫，沿着崎岖盘旋的公路一直北上。

1992年，科考队驱车向藏北行进，当从狮泉河经过多玛时，科考队队员们远远地看到蓝天白云下，矗立天际的是一座座巍峨高耸的雪山冰峰。正如一道巨大的屏障，将南、北坡地形地貌、气候景观截然分开。翻越一个冰雪垭口，再来到一个雪山口时，这已是无人区最边缘的地方。这里平均海拔5000米以上，天空中连飞鸟都难以寻觅，氧气也越来越稀薄，空气的含氧量只有平原的50%，人已很难在这里生存，因此被称为“人类生命的禁区”。“不能够去了，真的，要死人的。”藏族老阿爸看到科考队员执意前行，好心劝道。“再往前走，就是死人沟了，进去的人很少能活着回来。”藏族老阿爸不忍心让大家去送命。“我头昏”“我也有点头昏。”有些队员开始出现缺氧、头痛症状。这里空气稀薄，人每走几步都要喘上一阵，周围已不见人迹，只有几种动物的尸骨散落在荒芜的冻土带上。“队长，慢点，等等我。”队员们虽然是精挑细选出来的，可是在海拔5000米以上的高原行走对大家依然是一个考验。“万一有人倒下，我们全体都得打道回府了。”队长顾滨源看到这里，显得忧心忡忡。所有人都知道，在高原地带，一旦感冒，很容易引起肺气肿，那将会危及生命。顾队长决定暂停调查，先做适应性调整。

苍茫广袤的雪域高原，在向人们展示它的雄阔壮美之际，也向科考队员显示了自然环境的严酷，考验着科考队员的意志。

漠漠荒野中，科考队整整寻找了一个月，也没有发现藏羚羊的踪影。

返回的路仍是极难走，汽车居然连续12次陷进雪地。当第12次陷进雪地时，一直心有不甘的刘宇军登上一辆吉普车的车顶四处眺望。“前面有东西。”刘宇军发现远处有群好像热浪一般的影子在晃动。“队长，是不是藏羚羊呀？”轻声而急促的问话声使顾队长警觉起来。顾队长迅速爬上吉普车车顶，用望远镜一望，“我的天，真是踏破铁鞋无觅处，得来全不费工夫。”顾队长欣喜地说。正是一群疾走的藏羚羊！“终于，还是见面了。”队员们欢喜起来，立即驱车追赶。

藏羚羊虽然生性胆小，但是它们很快明白过来，这是一群不会伤害他们的人。所以它们也不躲闪，反而自由自在地走走停停、吃吃喝喝，好不自在。就这样，队员们在冰天雪地间，顶着呼啸的大风，迎着飞沙走石，连续追踪了二十多天。

二十多天，翻过的山太多太多。但是此时又有一座海拔6400米的大雪山拦住了队员的去路。顾队长召集全体队员讨论：“是继续向前，还是回去？”物资基本耗尽，食物所剩无几，汽油也只够返回，队员们非常疲惫。最后，集体研究决定：这次追踪就此结束。

“就这样结束了？”“不。”顾滨源和刘宇军很不甘心让这群历尽千辛万苦才找到的藏羚羊在自己的眼前消失。于是，两人扛着行李和摄像器材想徒步翻越这座6400米的大雪山。夜深了，气温更低。“好冷。”“太冷了。”在这雪山中，两个人紧紧挨在一起，相互取暖。第二天醒来，他们发现雪已把他们埋住了。“要冻死了。”他们除两只眼睛还能活动外，身体已全被冻僵了。“小刘。”“队长。”两人互相叫醒对方，赶快活动身体关节。坐起来，走一走，太好了，两人都还能够行动。继续前进，然而，一条从昆仑山上流下来的冰河挡住了去路，河边还留下藏羚羊的足迹。显然，藏羚羊已涉水北上了。但这可是雪山流下来的水呀！冰冷刺骨！徒步是绝对不可能蹚过去的。“天不助我。”“只有下次再说了。”无奈，他俩只能原路返回。

1992年9月，因没找到藏羚羊的繁殖地，这次科考宣告失败。在分手前，科考队员们闷闷不乐地在宿营地喝着啤酒。这时，夏勒博士拿出一张手绘的地形图交给刘宇军说：“希望你能够坚持下去。”刘宇军接过地图，心中很是感动。他想，一个外国科学家尚且如此，他作为一个中国人，解开这个科学之谜更应责无旁贷。他轻声地告诉夏勒：“我不会放弃，找不到藏羚羊繁殖地，我死不瞑目。”

多次的失败让刘宇军开始了深深的思考：这个神秘的繁殖地会不会不在藏北。他反复看着夏勒博士的那张手绘图，突然，图下角的一行用英文写的小字引起他的注意：也可能在青海。这大概是夏勒一次思考的记录，但他本人也许并没有考虑成熟，所以没有特别交代。会不会真的在青海？

1997年12月，刘宇军掉头奔向青海，他找到了当时青海省治多县西部工委书记扎巴多杰，并与他很快成为好朋友。扎巴多杰曾在青海发现过藏羚羊的踪迹，青海可可西里无人区的卓乃湖与美马措在纬度、地貌、气候及生态环境十分相似，极有可能就是大家要找的地方。于是，他俩相约，来年藏羚羊繁殖期，到卓乃湖寻找藏羚羊。

1998年6月，刘宇军再次来到青海，由扎巴多杰带路向卓乃湖前进。7月9日，这是他一生都难以忘记的日子。他们驱车行进在大雪中，突然发现前面有几千只藏羚羊在奔走，而且它们都怀着沉甸甸的大肚子。多年苦寻的目标已经近在眼前了！

当他们翻过一个高坡，往下张望的时候，他们简直不敢相信自己的眼睛，山坡下的卓乃湖雪原上，有2000多只母藏羚羊。

可可西里——藏羚羊的繁殖之地，终于找到你了。

迁徙产羔

首次对藏羚羊进行系统研究，是由中国科学院西北高原生物研究所、青海省林业局和可可西里自然保护区管理局共同来完成的。

2003年，带着“藏羚羊生物学特性与人工驯养繁殖技术研究”的科研项目，科考队员在可可西里国家级自然保护区腹地开始了野外调查工作。

“可可西里”是藏语，意为“美丽的少女”。可可西里虽然被称为“美丽的少女”，但是自然条件相当恶劣，人类无法长期居住，它是“生命的禁区”。正因为如此，才给高原野生动物创造了得天独厚的生存条件，成为野生动物的乐园。藏羚羊、野牦牛、野驴、白唇鹿、棕熊等青藏高原上特有的野生动物，使这位“美丽的少女”更加妩媚动人。

观察，记录。

再观察，再记录。

考察组终于确认：可可西里地区是藏羚羊的最爱，是藏羚羊妈妈们产崽的核心区域，卓乃湖是藏羚羊在可可西里自然保护区的集中产羔地。每年6月，藏羚羊妈妈开始神秘迁徙。几乎所有大大小小的藏羚羊“准妈妈”都会成群结队，翻过唐古拉山脉和一道道冰河，历经艰险，在7月阳光最充足的时候到达远离藏羚羊南方栖息地1000多公里、海拔5000米左右、青海可可西里无人区的卓乃湖一带的繁殖地。

考察队员透过蒸腾的地气可隐隐约约地看到一支长长的队伍，足有几百或上千只，缓缓地沿着湖畔移动。用望远镜搜索，果然是好大的一群藏羚羊啊！

“准妈妈”们从3个方向来到卓乃湖，各自还有自己的“产房区”。这是约定俗成吗？也许是。东南方青海曲麻莱地区的母羊群西行，在卓乃湖东南湖岸产羔；南方西藏羌塘地区的羊群到卓乃湖南岸产羔；西北方新疆阿尔金山地区的羊群到卓乃湖西面产羔。

真的，好奇妙。

藏羚羊羊羔　奚志农 / 野性中国

饮水　奚志农 / 野性中国

卓乃湖北岸未发现产羔羊群。

科研人员在卓乃湖南岸观察到的最大产羔母羊群数目约为6000只，好壮观的场面。

7月的可可西里，俨然就是一个天然的大产房。“哞”“喵”……藏羚羊宝宝稚嫩的声音此起彼伏，好不热闹。那的确是一幅美丽的图画。藏羚羊妈妈幸福地哺育着自己的孩子。刚出生的藏羚羊宝宝有的在摇晃着学走路，有的已吃饱正呼呼大睡，有的被妈妈疼爱地在它们身上到处舔，似乎在说：“宝贝，我爱你，我爱你。”母子俩相依相伴地跑向湖畔，妈妈走走停停，等待小羊羔慢慢迈开脚步……有时候，小伙伴们还在一起摆个姿势。考察队员经常被他们的萌态弄得哈哈大笑。

藏羚羊是幸福的，十个母羊中有八个都能够当上妈妈。有了妈妈的细心呵护，一半的宝宝都能够健康成长。

藏羚羊妈妈生下小藏羚羊后，喝着卓乃湖甜美的湖水，吃着肥美的青草，体力渐渐恢复。当年9月，羊妈妈们又带着成群的孩子踏上返乡之路，返回到在原地等待了两个月的公羊群的中间，一家人幸福团聚。

追逐　奚志农 / 野性中国

为什么可可西里被选为藏羚羊的繁殖地

2006年，中国科学院可可西里科考队通过考察回答了这个问题。

原来，藏羚羊是在特定的植被和地形中栖息生活的。藏羚羊主要以高寒草原和高寒草甸地区为活动地和栖息地。可可西里地区正好具备了这样的条件。以青藏苔草群落为主的高寒草原和以小蒿草为主的高寒草甸，主要分布在可可西里地区的河谷阶地顶部和向阳地区，而且这些地区的地形起伏不平，有利于藏羚羊躲避天敌。因此，要保护藏羚羊，还要精心维护其繁殖地的生态环境。

野外考察，探险，历经多年，在羌塘、在可可西里无人区中苦苦寻找，科考队员揭开了一个又一个有关藏羚羊的谜底。

让行　奚志农 / 野性中国

穿越青藏铁路

时光飞驰，社会在飞速发展，人类物质文明大大丰富。西藏人民越来越深切地体会到交通发展的重要意义。事实上，如果因为天气等原因，青藏公路关闭一天，西藏的物资平均会涨价0.1元。西藏需要大力发展交通。“青藏铁路”呼之欲出。

建设一条到达拉萨的铁路是多么的迫切啊。但是，青藏铁路会阻断藏羚羊的迁徙路线吗？怎样建才能不妨碍藏羚羊的生殖繁衍呢？

专家档案

杨奇森，博士，中国科学院动物研究所研究员，博士生导师。现任中国科学院动物研究所动物进化与系统学院重点实验室兽类学研究组组长，中国动物学会兽类学分会理事，中国生态学会动物生态专业委员会理事。

长期在青藏高原、横断山脉及西部干旱荒漠区从事野生动物资源保护及生物地理学研究工作，先后参与或承担中国科学院重大项目、中国科学院知识创新工程项目、国家自然科学基金重点项目等40多项。

作者与杨奇森（左一）交流

为每年要从三江源前往可可西里的2000多头怀孕藏羚羊创造更好的生存环境，要不要建设青藏铁路？政府在思考；怎么建设青藏铁路？铁道部在苦苦冥思。如何建设青藏铁路的藏羚羊迁徙通道呢？杨奇森在思考。

有一个问题，就有一个解决问题的办法。杨奇森带领研究组翻阅了大量的文献。“文献”“现场”“文献”“现场”——苦思冥想后，杨奇森及其团队在综合所有资料的基础上，对青藏铁路建设提出科学建议：建设野生动物专用通道。对于这个问题，国外有成功的案例。但是，在中国，此前还没有任何单位、任何机构做过野生动物通道的尝试。“我们这次就做一个中国第一。”杨奇森暗下决心。

有了方向，还要有具体的实施方案。在什么地方建野生动物通道？建多少个？通道具体的形态？方案的要求越来越具体。要解决中国现实的问题，就一定要了解现场的实际情况。杨奇森带领考察组奔赴现场。

2001年，茫茫高原上，在藏羚羊原来的迁徙路线上，不时闪现着忙碌的身影。他们就是实地调查在青藏铁路中建设藏羚羊专用通道的杨奇森、夏霖等人。

狂风阻挡不了他们前进的步伐。沿途的实地观察，使杨奇森对青藏铁路专用通道的建设思路更加清晰。“藏羚羊依水而居。”“对。动物都要喝水，吃草。通道应该靠近水源或者靠近草滩。”“在它们饮水的地方，修‘涵洞’，这样的通道，

杨奇森提供

小不小”？“提高路基，把空间预留出来，让藏羚羊从下面通过。”在讨论会上，一个又一个方案提了出来，一个又一个被否定，一个又一个被完善。“在隧道的上面，修围栏，不允许藏羚羊误入铁道。”方案也越来越清晰了。

“抬高路基，建设费用大大增加。”预算？费用？藏羚羊？专用通道？铁道部在一次又一次听取专家的分析建议后，终于做出了选择：专为藏羚羊设计33条迁徙走廊。

很快，在大量调研的基础上，杨奇森工作组给出了三个具体的实施建设方案。

“缓坡式”，20米高的路基设计成一道缓坡。藏羚羊在通过时，可以自然地顺着缓坡走上路基直接通过。

同行　杨奇森提供

藏羚羊安全通过　杨奇森提供

怡然自得　杨奇森提供

“桥洞式”，即将桥墩的高度以及桥墩之间的距离设计得足够大，方便藏羚羊通过。

还有“围栏式”，就是在藏羚羊有可能失足坠落的铁路隧道上方用围栏挡住，帮助藏羚羊改走安全线路。

33条迁徙通道，就是33条藏羚羊的生命线！

2001年6月29日，青藏铁路正式开工。2002年6月下旬，可可西里藏羚羊大规模向保护区腹地迁徙产仔。只见在楚玛尔河大桥建设工地的东边，聚集了上千只大腹便便的藏羚羊，它们都在焦急地观望与徘徊。原来这些都是待产的“准妈妈”，那些挺着大肚子的母藏羚羊每年都要从可可西里到西边的太阳湖、卓乃湖产仔，5、6月去，8、9月回，这已是它们亘古不变的生活规律。可眼前这些火热的施工场景却让它们望而却步。

当时正值施工黄金季节，如果停工给藏羚羊让路，将会给工程建设造成很大的影响；可不停工，就会影响藏羚羊生儿育女的大事。停还是不停?铁路人心里矛盾极了，那两天中铁局领导无论是白天还是晚上都往工地跑，天天观察这群藏羚羊的动向，寻着藏羚羊的足迹，极力想为它们找到一个新的通道。终于在全面思考后，铁路方面果断地下达了"停工让道"的命令，一声令下，工地的彩旗全部撤除，300多台机械关机熄火，800多人停工在家，楚玛尔河、五道梁一带鸦雀无声，又恢复了往日的宁静，藏羚羊们终于顺利地通过了施工地段。

藏羚羊，铁路人为你让道送行。

为了让它们顺利通过施工地段，县委书记才嘎带领保护队员、环保志愿者进驻工地进行宣传，讲解藏羚羊的生活习性，并紧急组织人力、物力开展"清障行动"，保护队员和环保志愿者昼夜不停地守护在藏羚羊主要迁徙区。

考察队员的工作也随着铁路的延长而继续着。

通车了，是不是藏羚羊都能够利用这些通道呢？是不是能够保持藏羚羊的原有特性呢？

这，需要科学的数据；这，需要杨奇森考察组的继续观察。

收集数据！

因为这里常常出现狂风暴雨和冰雹，无论是定点监测还是动态监测都很不容易。冬去春来，从2001年的设计点位的考察，到2006年开始的铁路运行影响监测，一直到2008年监测结果的统计和分析，已经数不清有多少个日子是这样度过的。早上，微风拂面，如沐春风，不得不赞叹"春来了"。到了中午，太阳火辣辣，热情似火，一下子，考察队员又进入了夏天。时不时突发的雷阵雨和冰雹直接就把队员们送进了冬天。一天中经历春夏秋冬四季，不要说是科学考察，就是一般的生活，也是非常考验人的啊。

科学家尝试用自动录像监测。在藏羚羊集中迁移的两处主要通道，安装红外线录像监测装置，对迁移通过铁路路基的藏羚羊数量进行监测，用录像资料来说明通道的有效性。问题又来了，在极寒的天气，电池简直不给力。杨奇森在北京可用1周的电池，在野外1天最多2天，就没有电了。不知道要多用多少电池啊。这可是在海拔4000多米的青藏高原，携带这么多的电池，是多么艰难的事情啊。用太阳能电池板吧，又遇到另外的问题，天气好的时候，电压就很高，不一会，风起云涌，太阳不见了，又断电了。在青藏高原的特殊天气情况下，科考队还是选择了人工直接记数，先进设备没有用上一个，这种方法的确很笨，但是最现实，也最准确，也最为辛苦。在自动监测设备常受到气候及其他因素干扰而无法连续正常工作或获得清晰的画面用于精确计数时，都是科考队员进行直接观测统计。科学考察研究不仅仅要脑力，也是需要体力的。

2003年，青藏铁路施工进入保护区境内。虽然铁路在藏羚羊迁徙路线上的路段预留了通道，迁徙的藏羚羊第一次看到这段从没见过的人为建筑时，还是犹豫了很久都不肯通过。从三江源自然保护区前往卓乃湖产崽的2000多头怀孕藏羚羊中只有约四分之一的藏羚羊通过了铁路通道。那些通过铁路通道的藏羚羊也一直小心翼翼。领头的那几只藏羚羊尤其谨慎，它们看到铁路地基在地面上的影子，都会跳过去，生怕会有危险。第一次看到这样大型人为建筑的藏羚羊还是表现出了明显的不适应。青藏铁路的通风路基相当于在一马平川的平原上筑起了一道20米高的墙，挡住了藏羚羊迁徙的视线。即使不经过地面的铁路桥，藏羚羊还是不肯轻易靠近。

那一年，75%的藏羚羊没有完成迁移，而是就地产崽、返回。

太阳能电池为监测装置供电　杨奇森提供

雪中科考　杨奇森提供

科考人员收集数据　杨奇森提供

科考人员野外监测　杨奇森提供

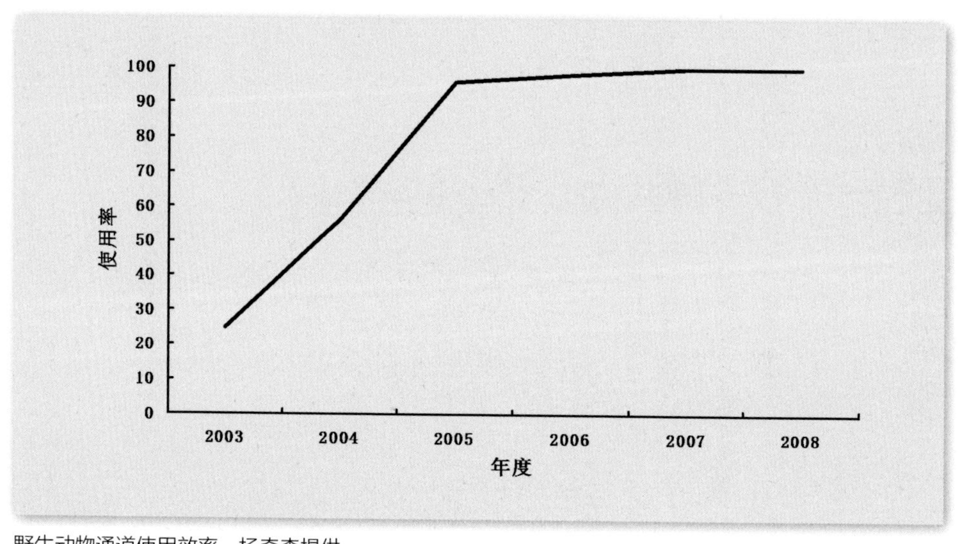

野生动物通道使用效率　杨奇森提供

由于藏羚羊的迁徙受到了明显的影响，有关青藏铁路破坏可可西里自然生态的说法让课题组承担了巨大的压力。但令人欣慰的是，这样的情况只出现了一年。2004年，从三江源赶往卓乃湖产崽的藏羚羊都顺利通过了铁路通道。经过两年的适应期，可可西里藏羚羊已基本适应了青藏铁路，开始“大大方方”穿越铁路通道。如今，成群结队的藏羚羊在青藏铁路沿线自由觅食，并有规律地向保护区腹地深处进发。

33个通道，就是33个观察点。还有动态观测，对铁路沿线有藏羚羊迁移通过的约20公里范围内所有通道与路基进行动态巡视，记录下穿越通道的类型、比例、种群数量、组成与穿越行为。

33个点位的动态观察记录如下：

2004年，朝100%方向移动。

2005年，100%。

2006年，100%。

——

2008年，也是100%。

成功了！藏羚羊穿越青藏铁路成功了！

功夫不负有心人。杨奇森团队整理、分析了7年来监测藏羚羊通过通道所获得

科考队员动态考察时陷车　杨奇森提供

科考队员动态考察藏羚羊　杨奇森提供

的数据，在*Nature*发表了*Tibetan wildlife is getting used to the railway*的文章（中文题目《藏羚羊适应青藏铁路》）。他用真实的数据和科学的分析，回答了所有人对青藏铁路建设影响野生动物生存环境的问题，他参与的“青藏铁路工程项目”在2008年获得国家科技进步奖特等奖。

为了藏羚羊，杨奇森及其团队无怨无悔。

2012年，当我在飞驰的进藏列车上远远地看到怡然自得的藏羚羊及藏野驴等野生动物时，我情不自禁地怀念起曾经为之付出生命的索南达杰和扎巴多杰，想起依然坚守的志愿者，忆起向全社会呼吁保护藏羚羊的奚志农、张希武、杨奇森。我深信，有了国家、社会、个人的高度重视和关注，藏羚羊将不再哭泣。

到保护区考察

扭角羚也叫牛羚，是一种古老的动物，自古以来，人类对这种动物进行了无数次的科学考察。对我而言，最让我难以忘怀的是在唐家河国家级自然保护区亲身体验的那两次。

为了给“青年科学家”和“夏令营”等保护教育活动做好野外考察部分的项目准备，我和同事及志愿者分别于2012年4月、2014年2月两次前往唐家河国家级自然保护区进行科学考察。

2012年4月，已是春暖花开，保护区却依然有些山高气寒。山风吹在脸颊上有丝丝冷意。在路上，我一直都在想：这次考察

眺望　邓建新 / 摄

唐家河保护区工作人员与美国华盛顿国家公园合作开展扭角羚监测　唐家河保护区提供

是不是能够在野外看到动物？保护区现在是什么样了？汶川“5·12”地震对保护区的影响大不大？带着一连串疑问，也满怀着希望，经过德阳、绵阳、江油，到达青川，并经过了青川地震遗址博物馆，终于在期待中到达我盼望已久的唐家河国家级自然保护区，也在保护区门口见到了接待我们的鲜文海书记。

互相打量后，发现大家衣着都比较一致：冲锋衣裤、平底运动鞋，所携带的设备也不多。鲜书记对我们说：“科学考察时，服装很重要，防水是对的，还应该考虑颜色，不能穿红色等鲜艳

科考着装要点

1. 迷彩服；2. 吸汗透气内衣；3. 宽沿帽；4. 蚂蟥套；5. 合脚的胶鞋；6. 雨衣雨裤。

唐家河国家级自然保护区

四川唐家河国家级自然保护区，面积达400平方公里，分布有两千多种高等野生植物，孕育着400多种野生脊椎动物，成为我国最容易发现和观赏大型食草类哺乳动物的自然保护区。

鲜文海书记与考察队员在保护区门口合影

的服装，否则会对动物产生刺激，不利我们观察动物。应该穿颜色比较暗的服装，比如黑色、蓝色都可以。迷彩服最好。”

一到唐家河国家级自然保护区，我们就被保护区独特的大门所吸引。有大熊猫特色的保护区匾牌，显得十分有动感。我们在保护区大门口和鲜书记留影。“唐家河，我来了。”我心底大声呼唤。

合影后，我们迫不及待地说出我们此行的目的。想去看保护区、保护站，想与野生动物不期而遇，想到野外考察站实地看看，想得很多……鲜文海书记看到激动的我们说：“你们时间这么紧，估计是不能够全部实现了。不过，你们也不会失望的。”

在鲜文海书记的带领下，我们立即开始了科学考察的旅程。很快就到了第一个保护站——白果坪保护站。

保护站有5个工作人员。站前有一个“纪念碑”。鲜文海书记为我们介绍了纪念碑的来历。唐家河保护区原来是绵阳地区青川伐木厂和青川县森林经营所。从1965年至保护区建立前，为了支援国家建设，这里共调出统配木材34.9万立方米，

唐家河保护区纪念碑　马文虎 / 摄

采伐范围超过3000公顷。然而，1974年，四川省珍贵野生动物调查队的科学家们惊讶地发现，在如此高强度的人为干扰下，大熊猫仍然不离故土，其密度高达每平方公里2只，为全国之最。因此，在唐家河建立大熊猫自然保护区的建议很快被采纳。1975年，伐木厂停止了采伐活动。1978年，国务院批准成立唐家河自然保护区。1979年，青川伐木厂迁出整个唐家河区域。同年，撤销唐家河森林经营所，并在保护区内海拔1500米的毛香坝建立了保护区管理所。为了纪念因建设保护区而放弃自己家园的人们，保护区特别在此立了一个“纪念碑”。面对这个不同寻常的“纪念碑”，我在心中默默地向为唐家河自然保护区建设而迁出的原住居民致以深深的敬意。

在白果坪保护站旁边，专门为游人开辟了一条游道——香妃步道。以后，我们的小小科学家来了，就可以沿着游道顺利地去观察森林及其中的动植物。

随后，我和小林老师与鲜文海书记在吉普车上，听他讲和动物相遇的故事了。

首遇扭角羚的邻居——藏酋猴

鲜书记坐在副驾位置，一边给我们讲述沿途秀丽的山山水水，一边歪着脖子不停地张望马路两边陡峻的山体。还没有等到他话匣子完全打开，就听见他很警觉地说："停车。"车很快就停了下来。鲜书记快步带领我们退回5米左右，他手指左边的山上说："快看，藏酋猴。""在哪？在哪？"我们5个人听到藏酋猴，马上兴奋起来。但是，树高林密猴子小，看不到啊？我们心中焦急万分。"快来，顺着我手指的方向看过去。"我们5人立即聚集在鲜书记旁边，顺着他手指的方向，果然有2只黑色的猴子在山坡上移动。一会向上爬爬，一会又停下来，还转过身体来望着我们，仿佛向老朋友打招呼的样子。远远的，我们望着它们，它们也望着我们，没有什么惊异。显然，对这样的状态，对这样的距离，它们是很适应的，完全不觉得危险。

看来，唐家河自然保护区的确是与野生动物相遇率相当高的区域，我们才来一会，就有幸目睹了藏酋猴的芳容。

2014年2月，我们和藏酋猴的接触就更亲密了。我们考察车行进在山路中，20多只藏酋猴从山上"轰"的一声就奔下来，我们马上停下车来，活跃的藏酋猴在我们身边游荡，一会跑前，一会跑后，没有一丝的惧怕，俨然就是老朋友似的再次聚会。有一只胆大如"齐天大圣"的藏酋猴，趁大家不注意，一下就钻到汽车里，跑到后备箱内开始找吃的。我们用美食"劝"其出来后，它就坐到汽车的引擎盖上，很是威风。

路遇藏酋猴　李卫 / 摄

扭角羚突现眼前

初战告捷。欣喜，写在每个人的脸上。邻居，扭角羚也不远了吧，我们更盼望与扭角羚的相遇。

告别藏酋猴，我们坐车继续前行。不久，就听见鲜书记惊喜的声音："快。下来看，是扭角羚。"听到这个好消息，大家迅速下车。在鲜书记指引下，我们顺着两棵树顶的缝隙看过去，终于在树丛中看到了扭角羚，两只哦！远远地可以看到它们粗壮的体型。两只扭角羚背对背地站着，一会低头吃吃草，一会抬头看着我们。

红外相机拍摄到的扭角羚　唐家河保护区提供

“你们看到了吗？像牛一样，所以我们又叫它为“羚牛”。它们的角形弯曲特殊，顶骨后边先弯向两侧，然后向后上方扭转，曲如弯弓扭曲状，“扭角羚”的名字就是这样来的，雌雄都有角哟。”鲜书记边比划边说道。

扭角羚是唐家河标志性的物种和统治者，它体形庞大粗壮、笨拙，角似羚羊而扭曲如牛，头似马脸而嘴生羊须，肩如骆驼而尾似鹿，体色变化多样，有黄白、棕黄、红棕及与棕褐、暗褐的混杂。

成群的扭角羚　唐家河保护区提供

看到扭角羚在吃草，大家就很容易判断出它的食性是植食性。但是，科学家对扭角羚的食性研究就系统多了。通过长期的观察，科学家发现它的食物有100多种，禾本科、百合科、蔷薇科、杜鹃花

采食　马文虎 / 摄

科、伞形科的种类较多，主要有各种树枝、幼芽、树皮、竹叶、青草、草根、种子和果实等，所以不得不说扭角羚是一种食草的“通才”。

因为不同季节有不同的植物供给，所以在冬天和春天吃的“水草”很少，扭角羚的粪便就是像羊粪那样颗粒状的；而在4~11月，吃的“水草”较多，扭角羚的粪便就是像牛粪那样呈堆状的。

扭角羚的活动也随食物和季节变化而交替移动。哪儿有食物，它们就会移动到哪儿。当地人总结为“七上八下九归塘，冬十腊月梁嘴上。”就是说，阴历七月，扭角羚上高山。8月开始下移，9月到避风山坳处，10月就开始晒太阳。11月就到了

扭角羚的堆状粪便
唐家河保护区提供

扭角羚的颗粒状粪便
唐家河保护区提供

向阳的山坡，12月可以采食枯草，还可以进行日光浴。

“看嘛，看嘛，我们习惯了，才不怕各位来看。”我仿佛读懂了扭角羚的心语。远远地看了一阵子后，扭角羚还是没有什么大动作，只是抬头、低头，它们边吃草，边观察我们。仿佛是在和我们比谁的耐心更好。这让我们可以静静地观赏进食扭角羚的动态，享受人和野生动物的和谐相处。

其实，这样的位置还不是很远。一般来讲，扭角羚都在海拔1500~4500米的各植被带中，也多在山势陡峭、谷地幽深、气温凉爽润湿的森林里活动。

我们仔细看了看周围，发现旁边的树周围由很多围栏和少许铁丝围绕起来。

这是为什么呢？我心中顿生疑惑。

面对我们的不解，鲜书记解释道：“其实，扭角羚不是我们今天所看的这么温顺。虽然有时候扭角羚看起来身躯有些臃肿，在行进时弓腰驼背，步态蹒跚，但是为了取食，他们有时能跃过2~4米高的枝头，或者用前腿、胸膛去对付一根挡在前进道路上的树干，使之弯曲直至折断。”

“有这么厉害?”我们在一问一答间，增进了对扭角羚的认知。

鲜书记继续讲道，“是啊！有科学家测定，扭角羚能用这种方法，轻而易举地推弯或折断直径为0.1米的树干。真的，它们可厉害了，如果不保护这些树，它们三下两下就可以全部折断，统统破坏掉。有时候扭角羚还误入农家，去破坏庄稼。因此，以前也有老百姓并不喜欢扭角羚。现在，通过社区共建，通过坚持不懈地努力宣传，本地的老百姓对扭角羚都有了很高的保护意识。”难怪我们在路边能够看到树被栅栏和铁丝围绕起来。

鲜书记告诉我们：“树林整片整片被推倒是经常发生的事情。就算是这样防范，还是有不少树被扭角羚摧毁。”

挥挥手，我们告别两只扭角羚，带着初见扭角羚的喜悦和满足，继续向森林深处走去。

对于第一次，每个人都会留下深刻的记忆。1984年，初次来唐家河执行中国与世界自然基金会（WWF）合作大熊猫研究计划的美国生物学家夏勒，在《最后的熊猫》一书中写道：“5月7日，一个值得纪念的牛羚日。……我们知道有几小群牛羚，数量在10~35只，会在保护区一带活动。但今天牛羚愈聚愈多，慢慢涌入草原，总数将近100只。这可能是在食物极端充裕之下，几群牛羚全聚集到一处……所有幼牛羚都围着一头母牛，挤成一堆，我没法子算它们有多少只，直到母牛向前走，身后跟了一串牛羚宝宝，排成一列纵队。”

我与扭角羚

说起我与扭角羚，故事就多了。

1988年4月，我还在四川大学读书，毕业前夕，我和同学们正要前往西岭雪山科考，在山脚就见到保护站的保护队员把一头受伤扭角羚抬到车上。“送到哪里呀？”“送到成都动物园。”我还记得与他们的对话，还能够忆起车启动时那扭角羚渐行渐远的情景……完全没有想到，几个月后，我就去成都动物园工作了。

科学考察中，2014年，我终于与扭角羚第一次近距离见面了。2月，山间还处于冬天。夜晚，雪花纷飞，第二天早上，我们在雪地中看到数量颇多的扭角羚清晰蹄印。

我们早早就出发，一行人静静地走在香妃步道上。

小路随着密林不断向前延伸,路上不时能够看到动物留下的新鲜粪便,不经意间还看到飞奔而去的黑麂，时不时能闻到浓烈的兽膻味。这一切显然是在提醒我们：我们走进了野生动物世界, 扭角羚可能就在身边，随时都有可能和扭角羚或者其他动物狭路相逢。全体队员轻手轻脚地边走边听，走走停停，眼观六路，耳听八方，充满期待和向往。

走啊，走啊，走到山体500多米高度的时候，有人嘀咕，“今天是不是能够见到扭角羚？”突然，树林中发出一阵声响，一个棕色物体猛地站立起来，伴随着声响及我们不由自主发出的惊叫声。这是真正的近距离，它就在我和复旦大学生命科学院李一忱同学旁边2米远的树丛中站立起来。一下就站在我俩的面前。这只扭角羚大约有2米高，3米长，体格健壮，高大威武，我和李一忱同学简直惊呆了。我脑海中猛地冒出“北极熊”三个字，不对，不可能有北极熊——李一忱后来回忆，她想的是“老虎”。

对视　陈军 / 摄

我们很快反应过来：和我们面对面的是扭角羚！真正的扭角羚！它离我们是那样近，完全能够清清楚楚地看到它身上深棕色的毛，背部、腰部、臀部混有暗灰棕色；也能够清楚地看到它的角，角形太特殊了，角由头部长出后，随即外翻，又向后转，在靠近末端的地方再向内弯。我们全体队员都屏住呼吸，近距离静静地观察这只扭角羚，双方都不愿破坏这安静的气氛，一动不动地对视着，时间仿佛停止。不知道过了多长时间——像从梦中醒来，这扭角羚猛地径直朝我们冲过来，瞬间就从我俩面前跑过，“腾腾”几个箭步跃进离我们约十米远的树林中，驻步看着我们。当时我没有做出任何反应。

我们此时才缓过神来，对它一阵疯狂拍照——它发出低沉的吼叫，把背影甩给我们后，不紧不慢地向密林深处走去，很快就消失在我们的视线外。

望着远去的扭角羚，我不由得回忆起胡锦矗先生多次给我描绘的关于扭角羚的事儿。

动物档案

扭角羚属横断山脉和喜马拉雅山特产动物，分布在中国、印度、不丹和缅甸。

扭角羚，1850年，由Hodgson在阿萨姆什米山采得标本首次命名。

据分布区不同，扭角羚分为4个亚种，在我国都有分布，四川亚种和秦岭亚种是中国的特有亚种。而分布在秦岭山中的秦岭亚种是四个亚种中体形最大的，其通体白色间泛着金黄，长相最为威武、美丽，而且数量也最为稀少，目前不足5000头。

扭角羚被科学家称为“六不像”，即角似羚羊而扭曲似牛，头似马脸而嘴有羊胡须，肩似骆驼而尾似鹿。结果扭角羚与羚羊、牛、马、羊、骆驼和鹿等六种动物都不像。

求偶季节

夏天，唐家河高山草甸的各种野花争相怒放，黄的、粉的、红的、白的，简直就是一片鲜花盛开的海洋。

夏日，气温升高，冰雪消融，小溪也开始欢歌，在冰川遗迹中穿行。溪水反射着夏日阳光，微风吹过，留下阵阵涟漪，波光粼粼；溪水清澈见底，偶尔还可以见到一些鱼儿在其中游荡；涓涓细流仿佛是向人们诉说它喜悦的心情，哗哗……

此时，唐家河的大熊猫、小熊猫、川金丝猴、云豹、大灵猫、小灵猫等都在四处活动，而所有动物中最为活跃的还是要数游荡在林中的扭角羚了。

每年7~8月，膘肥体壮的扭角羚发出恋爱的信号。

“找对象哟！”

“要生儿育女了！”

恋爱的季节，生子的时刻。

雄扭角羚往来于群山之中，纵横于悬崖峭壁之间，急切地寻找着自己的配偶。这个时候，多个族群混合在一起，增加了更多选择最佳配偶的机会，由此增加基因

打斗　邓建新 / 摄

交流的机遇，减少近亲繁殖。这时的雄扭角羚性情变得格外凶猛。为了赢得雌扭角羚的青睐，强壮的雄扭角羚之间常常大打出手，展开殊死的角斗。争雌格斗时常是这样发生的：雄扭角羚以并不十分灵活的步伐蹒跚而上，口鼻部几乎低垂在两腿之间，双角指向前方，直向对方冲击，并发出嗥叫和哼叫声。你来我往，经过几个回合之后，如果一方认输败逃，获胜者便不再追击。倘若双方势均力敌，在猛烈角击后双方还会隆起背脊，在2米内以体相击，力图以自己巨大而健壮的躯体压倒敌人。如果双方仍然难决胜负，互不相让，接踵而来的角击便更为激烈，常常是一方头角落地，鲜血直流。一场格斗往往要持续几十分钟，少数自不量力的雄扭角羚如不及时认输，轻则重伤，重则死于情敌之手。

大战之后，失败者垂头丧气，只得乖乖地退居群后；获胜者自然是心情愉悦，为自己终于有机会繁殖下一代而沾沾自喜。获胜的雄扭角羚与雌扭角羚就可以相亲相爱，双双进入深山密林进行秘密婚配了。

扭角羚母子漫步 马文虎 / 摄

动物档案

扭角羚的孕期约9个月，一般在次年3~5月产仔，每胎一头。幼仔稍大一些后，它们的“妈妈”便把自己的“儿女”放在由一头扭角羚照管、其中有数头幼仔的“幼儿园”里，自己则外出觅食和进行其他活动。幼体的角形简单、直立。半岁左右露角，2岁为直角，3岁左右开始扭转。平均寿命为12~15年。

扭角羚成年的角　伍程钺 / 摄

扭角羚亚成体的角　伍程钺 / 摄

生存天敌

凭借强壮的体躯，扭角羚可以轻易地赶走前来争食的毛冠鹿、麝、鬣羚和其他有蹄动物。豺、熊、豹是扭角羚的主要天敌。

扭角羚面对敌人的第一反应是跑。被动逃跑就是它的御敌方法。一般每个群体都由“哨牛”担任警戒职务。如果有敌人就立即发出警报，扭角羚群常以幼体和亚成体在中间、成体在前后两边的纵线队伍逃窜。

曾经也有科考人员观察到扭角羚的另一种御敌方式，就是一旦遇到天敌，成群的扭角羚围成一圈，幼体和少量母体夹在中央，其他的扭角羚四肢伏地而把角一致向外，形成一道难以攻克的防线。

我国动物学工作者在野外考察时，曾看到豺依靠自己体小灵巧、奔跑快速的特点，结成小群联合围攻扭角羚的情景。豺一般都是先捕食老弱病残或者是掉队的扭角羚。

目前，由于豹和豺数量的急速下降，给扭角羚种群的增长提供了得天独厚的条件。

舔盐高手

每个考察队员几乎都注意到“摩天岭”围墙上的砖有些缺损，大家都知道这是扭角羚舔出来的。

扭角羚舔岩盐　唐家河保护区提供

科考工作者都观察到扭角羚具有舔盐的习性。扭角羚和其他许多草食动物一样，具有嗜盐习性。虽然都是舔盐，但是方式有很大不同。有的扭角羚是喝含盐量较高的水，有的舔含盐较量高的泥土，还有的是在山洞、岩缝下舔食岩盐。含盐量较高的地方，被当地人称为“牛井”或者“牛场”。舔盐的时间为每年的6~10月。最有意思的是，在舔盐过程中，扭角羚还是很有秩序的，一般是“老大”先来舔盐，此后按照级别高低依次进行。当然，怀孕的扭角羚妈妈更需要舔食盐碱。

在唐家河自然保护区，科考人员利用夜视仪对扭角羚的舔盐行为进行了细致的观察。通过大量的数据分析，发现扭角羚舔盐分两个时期：舔盐期和舔盐后期。舔盐时间为每天18：00~19：00至次日早晨6：30~8：30。

夜视观察仪

从1984年开始，唐家河保护区设置了人工盐场。在每年的8~10月，我们可以看到一大群扭角羚来到水池坪人工盐场舔舐食盐。科考队员在盐场旁边的房子内就能够守株待兔地近距离观察扭角羚的舔盐活动了。

独行大侠

深秋的森林，树叶有的变红，有的变黄，有的开始慢慢飘落。一眼扫过，让人不由得喊出“层林尽染”这四个字。此时唐家河的森林，恰似一幅美丽的画卷。让人赞叹起大自然的鬼斧神工。

就在科考队员陶醉在五彩林海中时，从洪石河方向传来一声长啸，大家抬头一看，一头硕壮的扭角羚正站在山冈上，怒视着我们这群不速之客。“千万别惹它，这头扭角羚是独棒子，是要伤人的。”胡锦矗说道。在扭角羚中，头牛独占花魁，享有交配权，其他雄牛不甘寂寞，会不时向头牛发起挑战，打败的头牛被驱逐牛

扭角羚群满山坡　黄徐 / 摄

群，情场失意的头牛便成了独行大侠。

这个“独羚”不动，科考队员也不敢动，坐在树林中休息。过了好一阵子，兴许是“独棒子”看着大家并无伤害它的意思，自己扭头跑走了。只见它脚下尘土飞扬，伴随阵阵急促的脚步声，消失在茫茫林海中。

很快，我从回忆中回到现实。我们今天只见到一两只扭角羚，鲜书记怕我们产生误解，他说：“扭角羚是群居动物。我看见的最大的扭角羚群是在摩天岭，有150多只。平时所见多在20~30只。一群中雌性比较多，其次是幼体和亚成体（少年）。”活动的时候有雄壮的“哨牛”担任警戒，它居高瞭望，其他的则是有的吃灌木树枝，有的侧卧反刍，还有的挠挠痒，个别还在游荡。一旦发现有异常情况，“哨牛”会立即“报警”，其他扭角羚则闻声而逃。行走的时候，强壮的雄体在前面引路，这就是“领头羊”，其他的则尾随其后，一个挨着一个地顺小道行走。常常是一个体型较大的压阵，就是“扫尾羊”，沿着小路成队行进时，由剽悍的扭角羚“开路”“断后”。它们上坡很慢，下山却是风一样得快，沿途会撞倒很多树木。

唐家河保护区沈兴娜局长（右一）与作者合影

小贴士

在搏斗中被打败的雄性扭角羚一旦在本群中失去优势，便独自游荡，以便寻找其他群体，再去参加新的爱情竞争。这些孤独的雄牛穿行在各个群体之间，保证了遗传多样性的传播。因此，人们在野外会常常见到它们沿着山脊走来走去。这时候的独牛往往心情不好，具有很强的攻击性，遇到它们一定要加倍小心。

成为明星

2008年9月，《中国国家地理杂志》的封面登载了一张背景幽深、色彩暗淡、有几分神秘的扭角羚照片。黎明，扭角羚一家静静地伫立在树林里面，它们神态安详，也许在低语，也许在对望，宁静得仿佛就住在动物的天堂一般。

登载在《中国国家地理杂志（2008年9月）》封面上的明星扭角羚　唐家河保护区提供

科考扭角羚的日子，深深地留在记忆里。一会儿，渐渐远去了，一会儿，又迎面而来，只因为与扭角羚相关的那些人、那些事常常让我忆起。

带你去科考
动物探秘
赵尔宓院士
蛇类探秘
Snake

蛇岛蝮　赵蕙/摄

两栖和爬行类动物专家赵尔宓

赵尔宓院士（左一）向作者讲述科考故事

我认识赵尔宓先生大约是在1989年。因为他的女儿赵小苓是我的同事，还因为他是动物学会会长，我是分会秘书。会长平易近人，风趣幽默。我虽然才工作不久，工作之余还是听他及其女儿讲了许多有趣的故事。当我问起“你最愿意和别人分享的科考故事”议题时，他思考了一下说：“是在蛇岛、在莽山、在墨脱的科考。”

今天，赵院士已经故去，我写此篇文章，与大家分享，意在对赵先生的纪念。

赵尔宓中学时在成都树德中学就是优等生，考入华西大学生物系，努力钻研后，成为我国两栖爬行动物专家、中国科学院院士。

在两栖爬行动物分类研究中，赵先生描述和命名了38个两栖和爬行动物新种（或亚种）和两个两栖动物新属。1993年，他与美国动物学家鹰岩合著的《中国两栖爬行动物学》一书出版。这是全面系统地论述我国661种两栖和爬行动物的第一部专著，被国际两栖爬行动物学界誉为“里程碑之著”。2006年，赵尔宓出版了《中国蛇类》一书，第一次全面梳理了我国境内已经发现的所有蛇种。

赵尔宓院士出版的学术著作　赵尔宓提供

科考，是赵尔宓获得如此骄人成绩的基础。作为我国首批入藏考察的两栖爬行动物学者之一，他为西藏增加8个新种和10个中国或西藏新记录种，首次报道在墨脱希壤采到眼镜王蛇，将其分布范围向北推移了4个纬度，并认为这是亚热带动物沿雅鲁藏布江大峡谷水汽通道向北扩散的证据。

科考，让赵尔宓赢得了“中华人民共和国为有你作为她的代表而无比自豪”的赞誉。他先后参加“青藏高原综合科学考察”“横断山综合科学考察”和“西藏南迦巴瓦峰登山科学考察”等项目。

赵尔宓凭借卓越的成就和不凡的研究见解，在2001年当选为中国科学院院士。

赵尔宓的研究填补了我国现代蛇类研究的空白。在赵尔宓家中书架的最上层，整齐地摆满了一排日记本。每本日记的侧脊上都注明了野外考察的年份。

1973年，赵尔宓入藏科考　赵尔宓提供

赵尔宓在国外研究蛇类标本　赵尔宓提供

20世纪80年代在成都生物所实验室
赵尔宓提供

20世纪80年代在黄山市蛇类科学研究所　赵尔宓提供

记录之一

蛇怎么能吞下老鼠、鸡等食物呢?

的确，蛇的头并不大，但是蛇能够将口张开到130度，而人的口只能张开30度左右，加之蛇的嘴巴能够左右移动，并能将食物向内推进，所以蛇能够吞下比自身头部大数倍的食物。

记录之二

蛇类的运动方式大致可分为三类：蟒蛇以收紧和放松身体的外围肌肉来向前推进。而大部分蛇都像眼镜蛇一样，沿着弯弯曲曲的轨迹前进。响尾蛇在光滑、炎热的地面上依然行动自如，因为它沿侧边或对角线行走。

记录之三

很多人认为蛇吐信子是吐毒进行威吓，其实并非如此。蛇虽然有两个鼻孔，但是它的鼻道里面并没有嗅觉细胞，因此闻不到味道。蛇真正的嗅觉器官在口腔里面。空气中有不同的微粒，这些微粒都会散发出气味。当蛇在感受气味时，会先用舌头舔一下空气中的气味粒子，再用上颚独有的处理器官过滤。因此，蛇的分叉舌头是一种辅助嗅觉器官，能够令味觉更有立体感。

在四川大学标本馆　赵尔宓提供

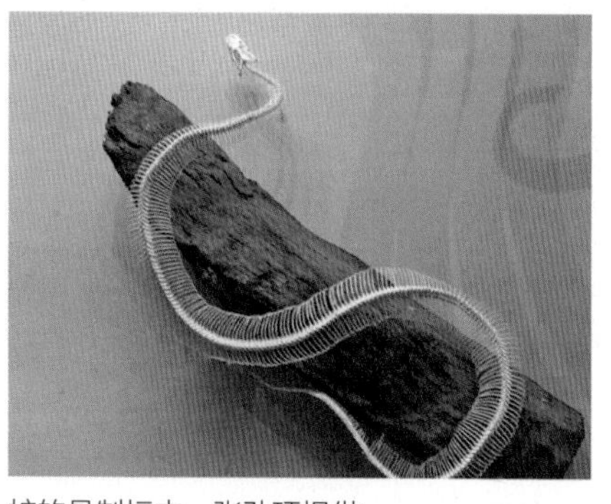

蛇的骨制标本　张劲硕提供

记录之四

蛇有脚吗?

蛇的四肢都退化了，所以是没有脚的。虽然没有脚，蛇却爬行得很快。用“蜿蜒”来形容蛇的运动最为合适。“蜈蚣百足，行不如蛇”，蛇之所以能够如此之敏捷，得益于它灵活的141~500个脊椎骨。

蛇岛揭秘人

小贴士

中国主要的毒蛇品种有：金环蛇、银环蛇、眼镜王蛇、眼镜蛇、五步蛇、蝮蛇、烙铁头、竹叶青、蝰蛇、海蛇。其中眼镜王蛇是最毒的。

蛇岛，是大连200多个岛屿中的一个。在20世纪30年代初，一群前往岛上修建灯塔的日本人，惊奇地发现这座看似不起眼的小岛却是蛇类的王国，小岛因此得名“蛇岛”。一个叫长谷川秀治的日本动物学家，登上“蛇岛”考察。他发现，“蛇岛”上的蛇只有一个品种，他带回日本鉴定，并认定这是一种已知的蝮蛇——中介蝮。在蛇类中，蛇岛是世界上唯一一座只生存单一蝮蛇的海岛。

从那之后，关于蛇岛的考察与研究就一直没有停止过，这也激起了中科院成都生物研究所两栖爬行动物学家赵尔宓的兴趣。1978年，赵尔宓决定前往蛇岛，一探究竟。

出发！赵尔宓准备从大连旅顺乘船去蛇岛，但是那几天天公不作美。只见乌云密布，狂风呼啸，风吹浪打。“哗哗”“哗哗”，数米高的巨浪使船根本就不能登岸，更不要说登岛了。“看来，此次是不能够上岛了。但是也不能够白来一趟呀。”他自言自语一番，决定改道，乘火车去沈阳，先到那里看蛇的标本。

当赵尔宓拿到标本的时候，心里不由得“咯噔”一下。哎呀，一看这个树皮灰色的标本，就发现这种蛇的外形完全不同于自己脑海中

赵尔宓（左一）在四川九龙县采蛇　赵尔宓提供

小贴士

怎样预防被毒蛇咬伤？

1.了解蛇的生活习性。科考前应先了解毒蛇的生活习性和栖息环境。

2.掌握蛇的活动规律。蛇冬眠时是安全的。不同的蛇，它们的活动规律不同，比如眼镜王蛇、蝮蛇以白天活动为主，而烙铁头以晚上活动为主。蝮蛇白天晚上都有活动，在闷热天气更加活跃。

3.个人保护。穿山袜、打绑腿、穿球鞋和穿长袖衣服以保护四肢，晚上则带上木棍，打开手电，以“打草惊蛇”。

的中介蝮。太清楚了，中介蝮应该是沙黄色呀。“是不是其他的种类？”疑问很自然浮现上来。

物种鉴定是一个严肃的事情，仅凭这一点还不能做出结论，不同的科类，除身体构造上的差别外，习性也是重要的分类标准之一。这必须去实地考察才能得出科学的结论。

登蛇岛去！于是，赵尔宓再次前往蛇岛。准备工作中，最重要的事情就是上岛后要防蛇咬。蛇岛面积只有0.73平方公里。然而，在这不足一平方公里的小岛上，却遍布毒蛇。草丛里、密林间、岩石下，到处都有蛇的踪迹。以前有人估算，岛上蛇的数量约为两万条，全部属于剧毒的蝮蛇，如果被它咬一口，得不到及时抢救，人肯定是很快就会死掉。

在登岛之前，赵尔宓做了一系列充分准备，可以说是全副武装。头上戴帽子，戴眼镜，戴口罩，甚至戴面罩，严严实实地从头武装到脚。

1978年，赵尔宓院士在蛇岛考察　赵尔宓提供

赵尔宓（左一）多次登上蛇岛　赵尔宓提供

上岛以后，赵尔宓发现，岛上的蝮蛇虽然多，但很不容易被察觉出来。它们长时间地待在树上，静止时，它们就像一根树枝。树皮灰色的躯体使它们不易被辨识出来。中介蝮体呈沙黄色，大多栖息在灌木丛或乱石堆中，而且岛上的蝮蛇和中介蝮相比，不但体色不像，体型也不像。相比之下，中介蝮要粗短一点。眼前的这种蝮蛇和中介蝮蛇有着截然不同的形态特征，这令赵尔宓更加深信自己此前的判断。

赵尔宓还发现，这种蝮蛇和中介蝮蛇生活习性也不同，它能上树，而中介蝮根本就不上树。中介蝮不仅不上树，也很少吃鸟，而这种蝮蛇则上树，专门吃鸟。所以赵尔宓判断它不是中介蝮，而是一个新的蛇种。

这种蝮蛇上树守株待“鸟”的本领十分有趣。在树上，利用它体色同树皮相近的优势，一动不动地趴在树枝上，如果有鸟过来了，“啪”一口就咬住，然后慢慢吞食掉。这跟普通陆地上的蛇是不一样的，它不去主动寻找猎物。这种特殊的本领是适应环境进化结果。因为它的生活习性是等待食物自动送上门来，所以这种蝮蛇在进化的过程中也形成了一种特别的生活规律。它的活动季节是五、六月份和九、十月份，这与候鸟飞进蛇岛的季节是符合的。这两个季节，它像弹簧一样盘绕在树枝上，身上的花纹和树皮颜色相近，一点不引小鸟注意。在不经意间停留在有蝮蛇的树枝上，也就“主动”地投入蛇腹了。

虽然两种蝮蛇在形态和行为方面有许多不同之处，但是蛇岛上的蛇是不是一个蛇类新种，赵尔宓却不能立即断定。一个动物新种的鉴定，是要经过严格研究、审核程序的。审核的过程，就是一个个科学研究的过程。科学地研究事物，要经历提出假设，进行观察、推理、实验，然后得出结论的过程。

赵尔宓提出了蛇岛中的蝮蛇是一个新种的假设，他经过了上蛇岛实地观察、推理的阶段，然后进入“实验”阶段了。动物分类学的实验阶段主要是通过解剖标本进行的。第一步是采集标本，于是，赵尔宓在蛇岛进行一周考察之后，带着从岛上捉住的十几条毒蛇标本回到了研究室。

赵尔宓将蛇带回中科院成都生物研究所进行解剖。在解剖中，同已知的蝮蛇种类进行比对，找出研究的动物与对比对象的异同，然后就可以下结论了。

实验结果表明，这种生存在蛇岛上的蝮蛇既不同于在国内已经发现的任何一种蝮蛇，更不是之前人们所认为的中介蝮，这和赵尔宓之前的判断不谋而合。他把自己发现的这种在大连蛇岛上独有的蛇命名为“蛇岛蝮”。

1979年，一篇名为《蛇岛蝮是一新种》的论文在《两栖爬行动物研究》杂志上发表了。经过艰苦的研究工作，蛇岛蝮这个新种终于在世界上首次发布。之后，人们开始用这个新名字称呼这种被误认了四十多年的蝮蛇。

在《蛇岛蝮是一新种》这篇论文中，赵尔宓对蛇岛蝮的起源提出了自己的看法。人们在惊叹于蛇岛奇观的同时，往往会发出这样的疑问，那就是在这座海中孤岛上为何会盘踞有成千上万条同一种类的蛇，它们究竟来自于何方？

赵尔宓认为，蛇岛上的蛇来自于大陆。4亿年前，小岛和大陆尚未分离，同处于海平面以下。在距今约1亿年前的时候，因为海陆的变迁，使得蛇类的栖息地成为海中孤岛。在漫长的岁月中，蛇岛可能经

动物档案

蝮蛇（Agkistrodon halys），别名土公蛇、草上飞。头略呈三角形，体粗短，尾短，全背呈暗褐色，体侧各有一行深褐色圆形斑纹，有较强耐寒性，多栖息于平原、丘陵、荒野、田边和路旁。

竹叶青、五步蛇都属于蝮蛇类动物。

历过多次浩劫。

在浩劫中，其他物种纷纷消失，少量的蛇类侥幸生存了下来，成为今天蛇岛蝮蛇的祖先。那么，幸存下来的蝮蛇又是怎样在这座海中孤岛上繁衍至今的呢？赵尔宓观察后发现，与陆地上的蛇具有捕食蜥蜴、老鼠的习惯不同，蛇岛蝮在长期恶劣的生存环境中形成了自己特殊本领，已经适应了环境。

“莽山烙铁头”命名人

中国幅员辽阔，蛇类的分布也极不均匀。在北纬26度以南的大部分地区，蛇类分布则十分密集。在这一地域有一片被亚热带湿润气候滋润的原始森林，那里自古就是蛇类天然的栖息地，人们叫它“莽山”。

莽山，处于我国南岭中段，山高谷深，森林苍翠，由于人迹罕至，这里保持了最原始的生命状态。在莽山，居住着一个古老而神秘的山地民族——瑶族。在先祖流传下来的歌谣中，莽山瑶族是伏羲女娲的直系后代。伏羲女娲是人面蛇身的神仙，瑶族人继承了他们人性的部分，而他们的蛇性被一种叫作“小青龙”的蛇继承，传说中这种蛇非常巨大，有一条白色的尾巴。瑶族人认为他们和“小青龙”是一母所生的亲兄弟，因此，将“小青龙”奉为图腾。虽然瑶族世代居住在深山里，但和他们的“兄弟”却从来没有见过面。

然而，一次偶然的机会，“小青龙”竟与赵尔宓的名字联系在了一起。1989年9月的一天，赵尔宓接到了湖南省莽山林管局一位名叫陈远辉医生的电话说，老乡抓到一条蛇，样子非常奇特，赵尔宓让他形容一下，他说差不多有2米来长，拳头般粗细，绿色斑纹。陈远辉的话让赵尔宓陷入深思，我国以前并没有发现过如此又长又粗的蛇。所以，他告诉陈远辉，你最好把标本拿来。

1989年10月，陈远辉带着奇蛇从湖南来到中科院成都生物研究所，请赵尔宓鉴定。赵尔宓注意到这种蛇的头部两侧有一对凹陷的颊窝。凭借以往的鉴定经验，可以认定眼前的这条蛇显然是烙铁头蛇的一种，但是在体形、色斑、鳞片数量等重要

动物档案

莽山烙铁头

莽山烙铁头蛇全长可达2米，是具有管牙的毒蛇，通身黑褐色，其中间杂着极小黄绿色或铁锈色点，构成细的网纹印象。头大，三角形，与颈区分明显。有颊窝。

莽山烙铁头蛇是我国特有种。

莽山烙铁头蛇的头背　赵蕙 / 摄

外形特征方面又与其他已经发表的烙铁头蛇种有着极为明显的不同。

1990年，中国的《四川动物》第一期上，赵尔宓和陈远辉联合署名，向全世界宣布在中国莽山发现了一种新蛇种，赵尔宓将它命名为“莽山烙铁头”。

莽山烙铁头的大小可以和蟒蛇媲美，同时又有着和眼镜蛇一样的毒性。莽山烙铁头之所以得名，最主要的原因就是它颈部很细，而头部呈三角形，很像老式裁缝熨衣服的烙铁。和普通的烙铁头蛇相比，莽山烙铁头体形巨大，可达2米，最重可达8.5公斤，这是目前在我国境内最新发现的独有蛇种。它的发现再一次证明了作为两栖爬行动物分类学家赵尔宓的敏锐，也给中国的爬行动物学界带来了惊喜。随后，莽山烙铁头很快就在世界范围内引起了轰动。

为什么世界如此重视莽山烙铁头？因为它是独一无二的。莽山烙铁头生活在海拔700～1100米的阔叶林地带，分布在莽山自然保护区几千公顷的狭小范围内，估计只有几百条。世界上仅有这个地方有，它的个子又大，颜色与花纹也不同。生物界更是有莽山烙铁头“价比大熊猫”之说。因此，偷运、走私该蛇的现象也时有发生。据了解，一条莽山烙铁头在国外的价格已经被炒得很高，并且在国外动物园也已经出现了莽山烙铁头的身影。

为拯救莽山烙铁头，赵尔宓同他的战友陈远辉费尽脑汁，历尽艰辛。赵尔宓十分关注莽山烙铁头的生存现状，经常通过电话向远在湖南的陈远辉了解有关蛇的饲养情况。而家住“莽山国家级自然保护区”的陈远辉，在莽山烙铁头的繁殖季节就

莽山烙铁头蛇　陈远辉 / 摄　赵尔宓提供

更加辛苦了。7月开始，陈远辉顾不得森林的闷热，密切关注着蛇蛋孵化情况。一天又一天，在两个月的焦心等待中，蛋里的小蛇开始蠢蠢欲动，陈远辉也随之心动不已。“宝儿，快点出来。快点出来吧。”祈祷中，陈远辉经过整整3天的连续观察，终于看到辛苦挣扎的小蛇来到这个世界。它是这样的小，只有4厘米左右，还不到手掌的一半长，真是叫人怜爱。

“一定要尽我最大努力来保护莽山烙铁头这个脆弱的物种。”陈远辉心中暗下决心，决定充当莽山烙铁头的义务“接生婆”。他常常将怀孕的母蛇带回家，帮助它分娩，然后将母子放回森林。一年又一年，陈远辉已经迎接了近100条莽山烙铁头的出生。

2003年8月，陈远辉准备将一条一岁左右的莽山烙铁头放生。怕摔伤小蛇，陈远辉没有像往常一样将蛇甩开，而是慢慢地把它放在草丛里，可是意外发生了。小蛇对这个迟缓的动作产生了误会，它反口就咬了陈远辉一口。“蛇痴”陈远辉为了拍下难得的蛇咬伤新鲜创口的照片，为科研积累资料，竟忘了在第一时间处理伤口，实施排除毒素的常规急救措施。

等陈远辉拍完照片，还没来得及清创，毒性就发作了。他显然低估了小蛇的毒性，当他正要处理伤口时，便感觉到体力不支，昏倒在地上。

“滴滴……”赵尔宓被一阵急促的电话声惊醒。正在出差的路上，他接到陈远辉的女儿打来的电话。一接电话，小陈就是一阵哭声，赵尔宓感到不妙，立即叫小陈先说主要事情。她哭着说：“赵伯伯，爸爸被毒蛇咬了，躺在床上不能动了。”

听到战友受伤的消息，赵尔宓心急如焚，恨不能马上就到陈远辉的身边进行抢救；但远水救不了近火，还得靠小陈立即施救。他头脑中马上就形成若干救助方案，立即向陈远辉的女儿传授秘诀。陈远辉的女儿根据他开的药方就地寻找草药，为陈远辉敷药治疗。莽山烙铁头跟一般蝰蛇的毒性一样，是以血循毒为主，会导致伤口肿胀、腐烂。

“爸爸，你醒醒，你喝药呀。喝呀。”在女儿一声声呼唤和精心的照顾中，陈远辉终于醒来了，这时他已经在家中昏睡了两天两夜了。当发现自己的左手中指上部已经溃烂时，只好去医院做了截除手术。对此，为保护莽山烙铁头而失去一指的陈远辉并不后悔，他依然和赵尔宓院士一起致力于这种珍稀物种的研究保护中。

2012年6月，在亚洲两栖爬行动物学术交流会上，我一眼就认出了尊敬的陈远辉前辈。他非常关心成都动物园两栖爬行动物的饲养和繁殖，邀请我们加入到莽山烙铁头的保护工作中去。后来他到成都动物园进行了现场指导。望着他充满激情的工作背影，对他深深的敬意油然而生。

蛇毒分几种？

蛇毒分3种，神经毒、血循毒和混合毒。五步蛇毒是血循毒，主要作用于血液循环系统，咬伤人后，人血流不止，人的凝血机制遭到破坏，无法凝固。金环蛇毒和银环蛇毒都是神经毒，主要作用于神经系统，破坏神经系统后，人的呼吸衰竭、内脏遭到破坏，有严重的后遗症。混合毒，会导致以上两种症状同时发生。

墨脱的蛇

1973年，赵尔宓率领一支科考队去西藏墨脱考察。那是一次艰难的远行。在此之前，中国还没有人到西藏进行过大规模的两栖爬行动物考察。当时，墨脱县是全国唯一不通车的县。去往墨脱县，途中必须翻过5500多米的喜马拉雅山多雄拉山口。虽是夏天，但山上仍积满了雪，他们就从雪上滑下去，滑到山洼里面。他们学着登山队员的样，拿着刀、铲子，一路劈砍出道路来，再一步一步地爬上山，然后，再沿着一条江往下走，走了整整三天三夜，终于到了墨脱县城。

墨脱县的海拔很低，雅鲁藏布江穿流而过，江边海拔只有600米左右，以气候炎热、空气潮湿和物产丰富著称。这里是亚热带气候，与西藏其他地区平均海拔4000米以上的高原地带迥然不同。墨脱有一个西贡湖，那里有很多神秘的动物。在这个有着“西藏江南”之称的神奇地方，竟然隐藏着众多此前无缘深入了解的新物种。正是这次墨脱之行，赵尔宓发现了西藏独有的8种两栖爬行动物，其中就包括由他所命名的新蛇种——墨脱竹叶青。

墨脱竹叶青蛇　赵尔宓/摄

发现墨脱眼镜王蛇也颇有些意外。有一天，一个门巴族的小伙子发现了一条大蛇。黑黢黢的一大盘，头在中央，与赵尔宓合作多年的得力助手李胜全一看，是条眼镜王蛇。眼镜王蛇一下把头竖了起来，李胜全熟练地一手抓蛇的“七寸”，“啪”的一声，抓住了。抓住以后，蛇就缠到李胜全身上了，在李胜全腰杆上缠了两圈，尾巴绕到颈部上来。大家七手八脚，制服了这条大毒蛇。为了科学研究，专家们迅速解剖了这条大毒蛇，并制作成了标本带回成都。

眼镜王蛇　李淳 / 摄

动物档案

眼镜王蛇

眼镜王蛇（*Ophiophagus hannah*）是眼镜蛇科，是眼镜王蛇属中唯一的一种蛇。分布在我国云南、贵州、浙江、福建、广东、广西、海南、江西、西藏、湖南等地。眼镜王蛇又称大眼镜蛇、扁颈蛇、过山标等。生活在平原至高山树木中，常在山区溪流附近出现，林区村落附近也时有发现。一般隐匿在岩缝或树洞里，有时也能爬上树，往往是后半身缠绕在树枝上，前半身悬空下垂或昂起。昼夜均活动。眼镜王蛇有剧毒，是我国最凶猛的一种毒蛇。它受惊发怒时，颈部膨扁，能将身体前部三分之一竖立起来，突然攻击人畜。毒性为混合性毒，对人畜危害极大。其与眼镜蛇的明显区别是头部顶鳞后面有一对大枕鳞。眼镜王蛇体色乌黑色或黑褐色。

赵尔宓闻讯赶来，一看就判定，这是眼镜王蛇。“好了，真的太好了，我们找到实证了。”赵尔宓压抑不住心中的喜悦，开心地给周围的学生们分享着快乐。

此前，我国西藏地区有没有眼镜王蛇，一直是学术界争论不休的问题。这次考察为这个问题找到了答案，解除了疑问，谜底终于在此时被揭开。在墨脱，发现眼镜王蛇！这个事实将这一蛇种已知的分布范围向北推移了4个纬度，并成为证实亚热带动物沿雅鲁藏布江大峡谷水汽通道向北扩散的有力证据。

1. 冬眠的蛇不吃东西会饿死吗?

不会，因为蛇冬眠时新陈代谢水平很低，并且蛇在越冬前已做好物质准备，大量补食，以脂肪形式储存于体内，能够抵得上冬眠时的消耗。

2. 毒蛇咬毒蛇会死吗?

种类相同的蛇相互咬伤大多不会导致死亡，而一种毒蛇咬另一种毒蛇或者无毒蛇就很容易造成死亡。

3. 蛇能听到声音吗?

蛇没有耳朵，但并不是聋子。从外形看，蛇的确无外耳，所以它听不到通过空气传过来的声音。但是蛇的内耳比较发达，能感受地面传来的震动。自古以来，玩蛇人手中的魔笛只是为了招揽观众，而让蛇摇摆的却是玩蛇人脚下有节奏的敲打。

带你去科考
动物探秘
白头叶猴
科考诸事
White-headed
Langur

我和妈妈　梁霁鹏/ 摄

白头叶猴发现者

全世界的灵长目动物，几乎都是外国人发现并命名的。但中国动物学家谭邦杰却打破了这个纪录，他发现了世界上一种新的灵长目动物，并定名为“白头叶猴”。这是我国学者首次发现，并为之命名的灵长目动物。

谭邦杰是怎样发现白头叶猴的呢？

那是1952年的事情了。当年，北京动物园还被称呼为“北京西郊公园”。副园长谭邦杰虽然在大学学的是语言，但一直对野生动物有着浓厚兴趣。他带领北京西郊公园收集队队员来华南寻找野生动物，到达了广西南宁。听当地人说这生活着一种比黑叶猴还要稀少的“白猿”。这种灵长类动物世代生活在我国西南边陲的石山地区，它们美丽、珍贵而奇异。谭邦杰猜测是不是长臂猿的白化型。“啊，还长着一条长尾巴呀！”难道是白化的黑叶猴？但既没有活体也无标本，还不知道产地，难以定论。

机会终于来临。一天，谭邦杰在南宁的一家中药店里发现了一张很有历史感、很陈旧的动物皮。谜团才渐渐被揭开。药店的人说：“这就是由传说中的白猿的皮制作的，采自广西扶绥到龙州一带。”

登高望远　梁霁鹏/ 摄

白头叶猴群图　梁霁鹏 / 摄

动物知识极为丰富的谭邦杰一下子就看出了它与白化的黑叶猴最大不同，在于头部为白色。

1953年，谭邦杰得到一个好消息，广西捕捉到一只活体“白猿”。白猿被送到了北京西郊公园。谭邦杰立即赶到现场。只见这只白猿白冠发型，黝黑的脸庞上嵌着两颗黑色的眸子，体长为50多厘米，尾长60余厘米，体重10千克左右，与黑叶猴在形态和体型上都差不多，头部较小，躯体瘦削，四肢细长，尾长超过身体长度。它的体毛也是以黑色为主，好像黑叶猴。

“它是黑叶猴吗？”谭邦杰带着问题又认真观察了很久很久，终于发现它与黑叶猴不同之处：最突出的是头部高耸着一撮直立的白毛，形状如同一个尖顶的白色瓜皮小帽，颈部和两个肩部为白色，尾巴的上半截为黑色，下半截为白色，手和脚的背面也有一些白色。它不时用手撕着树枝上的嫩叶塞进嘴里。谭邦杰对它的习性、饲养管理和疾病防治等进行了较长时间的观察研究。首先肯定这是一种叶猴。它的举止行为等方面，均与黑叶猴十分相似；毛色和解剖学特征上仍有一些不同，在外部形态、体型大小、身体各部位的比例及吃食等方面都有一些差异。

山中精灵——白头叶猴 汤练宗/摄

找标本、查文献、比对，一次又一次地分析比较，他忙碌着。经过五年艰辛努力，世界自然保护联盟（IUCN）关于新种所需要的研究报告终于出炉了！五年啊！五年的潜心研究，凝结了谭邦杰对动物的关爱及动物园人对此的用心，当然还有家人和朋友的支持。

为什么把“白猿”定名为白头叶猴呢？谭邦杰听到这个问题，不由得笑了一下，他说：“大家看嘛，这个奇特的动物像一个老爷爷一样，头部连同冠毛及颈部和上肩均为白色，像戴一顶白色风帽，最突出的特征就是它的白头了，所以叫白头叶猴，很形象，也很生动吧！”

动物档案

第一种由中国人命名的灵长类动物

谭邦杰在广西龙州县发现了一种被当地老乡称为白猿的叶猴，根据体形和体色将之命名为白头叶猴（white-headed langur），拉丁名为*presbytis luecocephalus Tan*。相关文章于1955年在《生物学通讯》上发表后，白头叶猴成为世界上第一个由中国人命名的灵长类动物。

谭邦杰 叶明霞提供

白头叶猴，我来看你了

因为工作的关系，我多次去过卧龙、唐家河、王朗、龙溪虹口、白水河等国家级保护区，看到过扭角羚等野生动物，但是一直无缘亲眼观察白头叶猴。

听北京动物园前辈讲了发现它的精彩过程，特别是见到黄乘明研究员，听了他和白头叶猴的故事后，我心里就更加期待能够参加白头叶猴科考活动。

这一天终于来了。2014年9月，在成都动物园王强园长的支持下，我和谭琴、邱云华有了一次参加科学考察白头叶猴的机会。这是中国科学院北京动物所和广西崇左白头叶猴保护区合作组织的活动，经多年磨合，这已经是比较成熟的教育项目。我们的任务，当然是观摩学习，以便今后深度研发野生动物教育项目。

真是来对了。这次，我很好地体验了科考的乐趣。

9月的广西崇左市，依然是高温难耐。在教室认真地听了黄乘明、张劲硕等专家的专业培训和介绍后，我更加憧憬“白头叶猴生态考察”活动的现场部分，恨不得马上走进崇左保护区的大山之中。

天还没有一丝亮光，科考活动就开始了。车行进过程中，我们远远地看到一山连着一山。“喀斯特地貌！”作为地质队员的女儿，我平时受到爸爸妈妈的熏陶，立即就认出了山的特点。脑中默默回忆了一下上课时讲的分布图，嗯，白头叶猴只分布在我国广西崇左、扶绥、龙州和宁明四县范围内面积约200平方千米的喀

喀斯特地貌　汤练宗 / 摄

动物档案

白头叶猴只分布在中国广西的面积约200平方千米的喀斯特石山群中，种群数量约1000只。白头叶猴是世界级的珍稀濒危动物。正如北京大学潘文石教授说的“白头叶猴在中国有，中国在广西有，广西只在崇左有”。在20世纪80年代中后期，广西南宁动物园曾尝试人工饲养繁殖，获得成功。90年代中期，北京动物园也饲养过一群白头叶猴。但遗憾的是，由于多种原因导致现在这两家动物园也没有白头叶猴了。参观上海动物园和广东番禺野生动物园时，认真寻找，也许能看到白头叶猴的身影。国外从未有过白头叶猴的活体。

斯特石山群中，处于明江以北、左江以南、十万大山以西的三角形狭长地带，种群数量不足1000。1000只，数量太少了，太珍贵了。

白头叶猴，世界级的珍稀濒危动物，我来看你了。

白头叶猴，喀斯特地貌，交通工具——将我的思绪拉回了20多年前黄教授考察白头叶猴时的艰苦情景。

当年，师从著名大熊猫专家胡锦矗的动物学专业研究生黄乘明毕业后回到家乡广西，分配到广西师范大学工作，研究广西的国家一类野生保护动物——白头叶猴。带着对白头叶猴的好奇和对科学考察的严谨，黄乘明很快就组建调查队着手专题研究。

白头叶猴科考队备足了帐篷、睡袋、烧水锅、做饭锅等野外用品，带上地图、望远镜，乘上了开往南宁的火车。

火车上，一行10人的行李占据了20个普通旅客的行李位置，一些物品还是用蛇皮袋装的，跟外出打工的民工没有什么两样。对于学生们来说，能参加这难得一遇的考察他们格外兴奋。

在南宁住了一晚，第二天调查队搭上了一天只有一趟的南宁—弄廪—扶绥县城的班车。班车走走停停，上客、下客，60多公里的距离居然开了3个小时。晚上，大伙在保护站的院子里搭了3顶帐篷，学生们还处在兴奋之中，黄乘明却在思考此后的20多天的艰苦工作该如何完成。

科考队找到了熟悉当地情况的向导，还租用了保护站友邻护路队的手扶拖拉机，开到岜盆乡采购能维持一周的食品，有大米、挂面、油、土豆、猪肉、佐料等，还有可较长时间存放的蔬菜。回到保护站，他们把所带东西全部搬上拖拉机，均分坐于两侧，手扶拖拉机力量大、走得慢、颠簸大，好在他们选择的第一天野外露营地不算远，一个小时后，拖拉机摇摇晃晃地把队员们送到了目的地。

“到啦，快到啦！”胡蕊娟老师的提醒声，将我思绪唤回到现实。

“谭琴，走！”“秋秋，出发！”一行人急急忙忙下车就奔向山脚。甘蔗林旁，闪过一个个青春的倩影。在大山间，在甘蔗林前，我们开始了科考。

“在哪里？在哪里？”期盼的眼神，焦急的心。第一次观察大多都是找不到方向。“不着急，不着急，有的看。”黄乘明拿出望远镜，先对山体进行扫描式的观察。黄教授告诉我，山壁那个白白的、一条一条的，就是白头叶猴尿液的痕迹。顺着这个，就能够找到白头叶猴的家——山洞。我一边仔细听，一边用望远镜顺着指点的方向一点一点地找。天慢慢地亮了起来，在一丝丝亮光中，猴群开始出洞了。听到了黄乘明压低声音喜悦地说道：“快看，快看！正在下山！”“看到了！看到了。”兴奋与喜悦溢于言表。只见一个个黑影在山壁慢慢地移动着。那，就是我迫切想一睹真容的白头叶猴呀！

黄教授指着一个方向，“看到那个石壁了吗？就在那个石壁上。”同时他还向我们解释道：“夏天，它们必须下山来饮水，有时候降水不足，我们的工作人员还会在树杈上放置一些水盆，给它们补充水分。”

天，越来越亮了，猴群的活动范围也越来越大了。突然我从望远镜中看到了一段长长的、白白的尾巴，正在树丫的下面晃晃悠悠，再将望远镜慢慢地上移，然后发现了一只小猴子。我惊喜地跳了起来，紧接着又在周围发现了好几只。它们在山壁上稍作停留，然后从高高的地方一跃而下，真的是快如一道闪电，直直地跃下好几十米，却又特别轻巧平稳地停在了树枝上，这样的神技真是让我们所有人惊叹，这的确是白头叶猴适应喀斯特地貌的必要特技呢。

不时看到，白头叶猴有从山上快速下来的，有上蹿下跳的，有飞檐走壁的，有左右跳跃的，还有从一棵树飞跃到另一棵树的，还有一个在藤子上悠闲地荡着秋千的。树儿弯弯，树枝晃晃荡荡。“看，这个姿势好哟”“这个样样太漂亮了”“好优雅，这个坐姿……”通过照相机，把白头叶猴看得更加清楚。“啪！啪！”在大家的赞叹声中，我记录下白头叶猴的点点滴滴。

山顶上还有只一直在眺望守卫的猴王，它在下山猴群的最后，待其他的白头叶猴都下了山，才敏捷地经过几番跳跃，来到山下树荫处。在树荫之间的白头叶猴有的在觅食，有的在休憩，有的金灿灿的小猴子依偎在母亲身边，还有的在相互嬉戏

专家档案

黄乘明是中国科学院动物研究所三级研究员，一直从事白头叶猴、黑叶猴、瑶山鳄蜥等动物的行为生态学和保护生物学研究，主持和参与科研35项，发表130多篇论文，系统地揭示了喀斯特石山濒危物种白头叶猴和黑叶猴适应石山环境的对策和适应特征。

作者与黄乘明教授（左一）一起考察

打闹，真的充满了生趣。太阳逐渐爬上头顶，气温逐渐高了起来，我们的头顶渗出密密的汗珠，而此时白头叶猴们已经进了凉快的密林深处，这些美丽的精灵渐渐消失在我的视野中……

黄教授谈到1989年科考研究的时候，还在感慨。科考队要收集早上八点到下午五点的相关数据，每天八点前考察队员一定要到位，下午五点才可撤离返回。当时科考队员们早早起床，快快吃饭，快步飞奔到观察点的情景还历历在目。

交谈间，突然有人喊："前面的山顶上还有一群。"一会儿又有人喊："右边的石山上也有。"人群全都沸腾起来了。太阳越来越高，气温达到了40℃。我们的观察点在甘蔗林间的小路上，暴晒啊！但是考察队员们依然兴致盎然，没有受到丝毫的影响。看，仔细看。观察，记录，拍照——这一看就看了三个小时，直到猴群慢慢地隐身在密密的树丛中。这时已经进入到中午的休息阶段。

中午时分，猴群一般都到树荫下躲避高温，并开始休息。我们利用这段时间去拜访了潘文石领导的北京大学研究团队的队员们，观看了他们的研究基地。从1999年开始，一批又一批学生在潘文石的带领下，长期驻地监测白头叶猴，并获得大量数据，为科学保护白头叶猴出谋划策。科学家总是实验设备多，生活用品少。望着眼前这简朴的研究基地，我对白头叶猴保护区研究人员的敬佩之情油然而生。

太阳要下山的时候,是白头叶猴一天中的第二个活动高峰。我们走过了一段又一段蜿蜒的小路，扒拉开一大片甘蔗林，更加靠近白头叶猴居住的地方，悄悄地观察白头叶猴们的归来。

下午四点多，烈日当头。衣服都被汗水打湿，脸被晒得红彤彤的。我扫描式观察时发现山对面的一簇树丛在不断地抖动，我兴奋地指着树木抖动的地方。但定神一看，树木又不动了，约5分钟后，我终于看到了一只白头叶猴，它从树丛中探出脑袋，晃了一下立即又缩了回去了。一会儿，在离它不远的地方，又有一只白头猴出现了。下午五点，该是我们返回的时间，但是这群猴子还没有完全数点清楚。五点半了，白头叶猴终于爬出了树顶，露出“庐山真面目”，这群白头叶猴一共有8只，其中还有一只金黄色的小猴。

夕阳西下，气温渐渐降低，我感受到一些凉意。白头叶猴们也开始从浓密的树林中出来，往山顶的住处跑去。白头叶猴的家都在绝壁山洞这样非常隐蔽的地方。我们目送它们飞快地跃上绝壁，一只接一只的回到它们的住处，直到再也无法寻觅到它们的身影。

夕阳西下，月上梢头，粉红的晚霞也随着夜幕的降临，渐变为紫色。在这一片宁静而美丽的景色中，我在心中默默地和这喀斯特的精灵——白头叶猴说：“再见了，可爱的白头叶猴！愿你们在未来有更好的环境，更好的生活！”

一天的偶遇，显然让我意犹未尽。第二天一早，我们组成小队，再次来到崇左保护区山上，对白头叶猴居住的山头进行专题观察。

随着科考的深入，让人惊喜、让人愉悦的感觉来得更真切。

小贴士

一日两餐

白头叶猴一天有两次觅食高峰，一次在上午，一次在下午。在觅食高峰期，猴群成员们会一只不少地爬到树上，在夏季茂密的树叶中可看到一只只白色的脑袋，在冬季落叶的时候可以很完整地看到它们。

小考察队员夜宿山洞

白头叶猴之秘密

谜底揭开了！

伴随白头叶猴的日子飞驰而过。

20多年后，白头叶猴终于迎来了一个又一个的好时机，先后有李兆元领导的中国科学院昆明动物研究所、黄乘明带领的广西师范大学和中国科学院动物研究所、潘文石领导的北京大学等多家高水平研究团队，分别在弄岗国家级自然保护区、扶绥岜盆珍贵动物保护区和崇左板利珍贵动物保护区建立了研究基地，陆续开展关于白头叶猴的研究，揭开了白头叶猴鲜为人知的秘密。

比大熊猫还珍贵

野外科考终于告一段落，但这只是系统研究的一个部分，还需要对在野外收集的数据进行资料汇总，数据分析、比较，总结出规律性的东西。

黄教授认真审核了资料的真实性、准确性，并将同一群中相同的、重复的数量排除掉。经过认真的验证和核实，终于第一个结论出炉了！

通过许多调查队多年的艰苦努力，黄教授向全世界宣布：全世界白头叶猴仅存600多只。这600多只意味着什么呢？这意味着白头叶猴比大熊猫还少、还珍贵。

每天活动

对白头叶猴的行为长期观察后，发现白头叶猴每天有三种活动。

一种是移动。所谓的移动，就是从洞口出来以后，在石头上爬来爬去，然后休息，吃东西。白头叶猴具有四种移动方式：地面四肢爬行、爬树、跳跃和攀爬悬崖，其中，攀爬悬崖是最困难和最需要技巧的，一旦没有掌握好，白头叶猴就会摔下悬崖，粉身碎骨。于是，母猴在教授幼猴学习移动时，遵循“先易后难”的原则，攀爬悬崖往往放在最后来教。

第二种活动是觅食，觅食就是采树叶吃。有两种情况，一个碰到什么好吃的，随手摘点，实际像我们人吃零食一样地吃。一种叫作觅食高峰，就像我们吃饭一样，在该吃饭那个时间吃，所以它一天有两个觅食高峰。这个时候所有的白头叶猴

稳坐悬崖边　汤练宗 / 摄

都在吃东西，大餐一顿。

第三种是休息，坐在那个地方一动不动。白叶头猴每天的休息时间占到了所有时间的60%~80%，它从树叶中获得的营养不是太多，为了节约宝贵的能量，它们每天大多时间在休息。

攀岩高手

科考队员发现，白头叶猴是攀岩高手。科学家们将猴子一类的动物归为灵长类，“灵”是聪明的意思，“长”是第一的意思，故灵长类是第一聪明的动物。世界上共有400多种灵长类动物，其中只有少数几种生活在石山环境的灵长类动物学会了攀爬悬崖绝壁的本领。

白头叶猴攀爬悬崖绝壁的本领让人叹为观止。我们经常看到，白叶头猴在悬崖绝壁上，爬上爬下，轻车熟路，游刃有余，得心应手，如履平地。

也许白头叶猴天生就没有恐高症，所以当它们站在悬崖峭壁边缘时，在没有任何防护的情况下，还能保持很好的平衡和稳定。此外，长期的野外生活练就了它强

白头叶猴攀爬悬崖绝壁的本领让人叹为观止（红外线拍摄）

壮的臂力，在悬崖峭壁上，只要有一丁点能抓握的地方，它们就能轻而易举地用手臂的力量把身体悬空起来，快速地通过悬崖。白头叶猴胆大心细，从七八米开外的岩石或树梢上可以准确无误地跳落下来。

科考队员有幸近距离观察和记录到了白头叶猴猴群攀爬悬崖回到夜宿石洞的完整过程。

天渐渐黑下来，跟踪的一个白头叶猴猴群正慢慢地接近一处悬崖，通过望远镜可以隐隐约约地看见在悬崖上方有一个水平的石缝，石缝上方悬崖突出。猴群慢慢地接近悬崖下方。虽然看不到它们的身影，但树丛中传来窸窣的声音，表明猴群一会儿在地面上奔跑，一会儿从树上跃过，很快已达到石缝下方。

在悬崖的左侧有一条长约15米、直径约5厘米的粗藤将悬崖上下的植物连在一起。有意思的是猴群分成了两支队伍：带崽的母猴和成年猴子一只接一只抓紧粗藤，一步一步地往上爬，一两分钟的工夫就爬到了上方的树丛中；另一支队伍的两只亚成年白头叶猴选择了沿石壁向上攀爬，一场精彩的攀岩表演上演了。

白头叶猴沿着粗藤下方的裂缝手足并用地慢慢往上爬，只要有凸出的可以抓握

空中飞猴　梁霁鹏 / 摄

或踩踏的岩石，它们就会巧妙地加以利用，果断和稳健地一蹦一跳往上攀爬。双足实在没有踩踏的地方，就用两只手轮换着往前攀爬。不难设想它们的前肢是多么的有力，完全能轻松地支撑整个身体。

一只白头叶猴爬到一处稍有突出的石块上后，边休息边寻找可以继续攀爬的路线。紧跟其后的另一只白头叶猴也达到突出的石块，它们聚在一起，稍稍商量了一下，继续向上攀爬。

悬崖峭壁的表面看上去极其光滑，似乎没有任何可抓握之处，但是白头叶猴还是用它们高超的特技坚定不移地向上攀爬。爬到右边上方裂缝下的台阶后，攀爬就变得相对容易了，只要沿着有很多可抓握的石缝或突起，就比较容易越过悬崖，到达当晚过夜的石缝。

另外一条有植被、树藤、凹凸不平石缝的通道上，一群能够独立行动的幼崽们快乐地沿着相对容易攀爬的线路爬到了悬崖的顶部。

“嫩叶杀手”

秋天，广西南部的喀斯特石山群中树木的果实成熟了，这是白头叶猴最喜欢的季节。这个季节，经常在吃饭时间看到整群的白头叶猴爬到一棵树上忙碌地采摘野果。“快看呀。”随着轻声的引导很容易就能看到这样的情景，擅长攀爬悬崖峭壁的白头叶猴们迅速爬到了树梢，坐在树枝上，两腿分开踏在其他的树枝上，稳住身体，长尾巴垂直悬吊在空中，两只手忙个不停地轮番采摘野果往嘴里送。大猴们忙于采食，小猴们则高兴地叽叽喳喳、上蹿下跳。若一棵树上的野果还没采完，晚餐时返回接着吃，假苹婆的果实是白头叶猴最喜欢的食物，聪明的白头叶猴会用前肢剥开果皮吃里面的果实。这可是白头叶猴最可口的“点心”啊。

看着白头叶猴贪婪的吃相，科考队员们也不禁口水直流。于是，趁白头叶猴离开之际，队员们好奇地爬到那棵白头叶猴曾津津有味地品尝美食的树上，摘下一颗花生大的野果放到口中使劲咀嚼。没想到，果肉刚被牙齿咬开，苦涩的果汁便流到口中，他们下意识地赶紧把果子吐了出来。

白头叶猴在采食　梁霁鹏 / 摄

看来，为了适应喀斯特石山环境，白头叶猴对生活的要求很低，粗糙难吃的树叶就可以满足它们，若再有稍稍好吃点的果实，它们就更知足了。

随着深秋的来临，一批批落叶树种脱掉了绿色的外衣，只剩下一根根赤裸裸的枝丫。白头叶猴食物最短缺的时期到了。挑嘴的白头叶猴此刻也只能把那些平时不屑一顾的树叶纳入到采食的计划中。

到了第二年春天，万物复苏，春暖花开。白头叶猴喜爱的树木开始萌芽，树枝上冒出了许多嫩芽，红色的、嫩绿色的、浅黄色的，整个喀斯特石山群被装扮得五彩缤纷。面对春意盎然的大自然，白头叶猴显得尤其亢奋。你听，远远地，就能听到小猴们叽叽喳喳的叫声；你看，顺着声音传来的方向放眼望去，光秃秃的树枝上是一只只白头叶猴忙碌采食的身影。春天里长出的一朵朵芽苞吸引着白头叶猴。树叶才是白头叶猴的美味佳肴。

爬上树梢的白头叶猴完全没有了平时的斯文样，吃相十分粗鲁。它们一屁股坐在树杈上，长长的大尾巴垂直吊下，一只脚蹬在树枝上，保持稳定，“解放”出来的两只手可忙坏了。左手沿着树枝一拉，一把嫩叶就拽在手里，赶紧往嘴里送。同时，右手已经在抓另一把树叶了。就这样左右开弓，享受着它的美食，有的干脆把树梢拉过来直接往嘴里送。

一棵树上的嫩叶吃完了，又急急忙忙换到另一棵树上。一顿“快餐”之后，树上的嫩叶、嫩芽和嫩枝被洗劫一空，只留下一根根光溜溜的枝条了，白头叶猴真的不愧为“嫩叶杀手”。

白头叶猴特别爱吃嫩叶和嫩枝，除了容易消化外，还有一个重要的原因就是嫩叶和嫩枝含水量高达80%以上，也就是说白头叶猴每吃100克的嫩叶和嫩枝，就能获得80克以上的水分。这对满足白头叶猴的水分需要起到了决定性的作用。因此，白头叶猴能够在喀斯特山区生活下来。

白头叶猴只需要在有条件的时候稍稍补充一些水就可以满足每天水的需要。除非到了天气干燥的深秋，树上没有了嫩叶，只有采食老叶，这时白头叶猴对饮水的需求就会显得异常迫切，才会跑到山脚下饮水。

多变猴身

科考队员还对白叶头猴的体色变化进行了仔细观察。他们发现，刚生出来的白

我和妈妈　梁霁鹏 / 摄

头叶猴非常漂亮，全身的毛发是金黄色的。如果科考队员不是从它出生观察到它长大，谁会相信一个全身是金黄色的白头叶猴能够长成头是白的、肩是白的、全身是黑的这么一只白叶头猴呢！全身金黄色的幼仔，一年之后就开始慢慢变颜色了。首先慢慢变成灰色、灰黄色，灰色，再变成黑色，头部也开始慢慢地变白，一岁半之后，除了身体大小不同以外，体色基本上和成体一样。

理理毛吧

科考队员观察到，白头叶猴成体在休息时，大多两只一组，互相理毛，帮助对方梳理手够不到的毛发。它们翻开毛发，从中找出一些盐粒、皮屑之类的东西，放到嘴里吃掉。被理毛者舒舒服服地坐着或躺着，理毛者也心甘情愿地为对方服务着。

不要小看这些简单的“理毛活动”，其中却隐含着复杂的社会关系。它可以加强两个个体之间的关系。某只白头叶猴想与另一只白头叶猴加深友谊，联络感情，也可以通过理毛的动作得以实现。当起冲突时，通过相互间理理毛，相当于我们人类握握手，相逢一“理”泯恩仇，就可以和好如初了。此外，还含有上级与下级的关系、攻击和屈服的关系、亲戚关系等。总之，理毛是白头叶猴之间重要的交流和交往手段之一。

猴尾巴的功能

在跳跃和飞行的过程中，白头叶猴的大尾巴起了很大的作用。当它在空中跳跃时，大尾巴伸得直直的，如同走钢丝运动员手中长长的竹竿，起到了很好的平衡作用；当它落到树枝上时，长长的尾巴也随着树枝来回摇荡，慢慢地让身体稳定下来。

在树上午休的白头叶猴，它的大尾巴常常垂直悬吊在空中，当几只白头叶猴同时在一根树枝上休息时，几条大尾巴同时吊在空中，会误会以为是几根树干。有一次，专家们进入到保护区调查白头叶猴的数量。当时树叶十分茂密，光线有些昏暗，经过几个小时的跋山涉水，走进了一片树林稍作休息，发现不远处的几枝有些发白的树干在微微晃动，起初以为是眼花，定神一看，高兴坏了，原来是几只白头叶猴的长长的大尾巴悬吊在树干上。

言传身教

幼猴未独立前，总是随同母亲一起行动。母猴总是尽量让小猴们自己行动，先学会爬行和奔跑，慢慢培养它们独立移动的能力。在行进或攀岩过程中，小猴与母亲面对面，两前肢从母亲腋下穿过，抓住母亲的长毛，后肢环跨着母亲的腰部，尾巴从母亲的两腿间穿过，紧紧地抱着母亲的身体。从望远镜里观察，当母猴攀爬时，不一定能看到金黄色的小猴，但是每次总能隐隐约约地看到从母猴两胯间穿出的金黄色小尾巴。

对于小猴来说，能紧紧地抱住母亲，是它们得以生存的最基本的本领之一，母亲带着它们攀爬悬崖绝壁、跳跃或奔跑，在移动时要比其他的成员消耗掉更多的体力，同时，还需格外地小心。

在平地活动时，母亲会放下幼崽，让其自由活动，充分锻炼幼崽独立活动的能力。幼崽生长到一定时间，母亲则鼓励它们自己行走，拒绝携带。比如在一些容易攀爬的路径上，尽管小猴不断地向母猴发出求救声，母猴们仍会很坚定地拒绝小猴，显然，有意识的拒绝是为了更好地培养和锻炼幼崽的攀爬能力。

小家伙们特别活跃，你追我打，吵吵闹闹，科学家们称之为“嬉戏行为”。这也是白头叶猴一生中最活泼、精力最充沛的阶段了。它们在悬崖峭壁上上蹿下跳，每天都要嬉戏很长时间，以便逐渐掌握攀岩的本领，学会非凡的攀岩特技。尽管这些活动十分耗费体力，但是少年的白头叶猴能在其中学到许多东西，包括相互合作、相互包容、相互帮助等。一旦长大，白头叶猴就再也没有这样的机会了，白头叶猴的性格就会改变为安静和少动，学会如何最大限度地节约体力和能量了。

我们都是白头叶猴的保护者

越冬避暑

寒冷的冬天和炎热的夏天，白头叶猴都能安然度过，是因为它有应对恶劣环境的特殊“武器”。

“武器”之一，夏天早出晚归。夏天，白头叶猴出洞特别早。出洞之后稍微活动一下，就赶快吃东西。吃完东西之后，等太阳出来了，在还不算太热的时候，就开始钻到树底下、树丛中。树下面的温度比石头山的温度要低5℃左右。它可以长时间待在树荫底下一动不动，既可以节约能量又不挨晒。白头叶猴一般从早上九点钟起，一直待到下午四点半至五点钟，太阳快落山时，才优哉游哉地走回石山上的洞中去过夜。

白头叶猴对付恶劣环境的武器之二，冬天在石头上晒太阳。到了冬天，白头叶猴会采取晒太阳的方法来补充热量。在冬季，上午9时至10时，当太阳出来的时候，白头叶猴就会爬到山顶光裸的石头上面，趴在那里一动不动，尽情地享受着太阳的温暖，用厚厚的黑色的毛发吸热，把全身晒得暖洋洋的。

“单身汉俱乐部”

白头叶猴猴群还有一套严格的管理制度。雌猴长大后，被允许留在猴群中，参与繁殖后代，雄猴则被扫地出门。最初，这些刚离开父母的小公猴因缺少社会经验和竞争能力，往往聚在一起，每天东游西荡，一个临时的“单身汉俱乐部”诞生了。

随着年龄的增长和身体的发育，它们不断寻找机会，尝试和锻炼着各种技能。慢慢地通过血拼，成功地成为猴王，“单身俱乐部”自然解体。

保护区的工作人员说，一次，他们看到一群5只的白头叶猴在一个山洞附近活动。特别奇怪的是，这个猴群已有三四年没有小猴出生了，不知道为什么。

第二年，科考队员有机会对这个猴群进行了近距离的观察，发现这个猴群只剩下3只白头叶猴了，再仔细观察，它们全是雄性，所以它们不可能有后代。

猴王原是“苦行僧”

在白头叶猴最稳定的第一种家庭形态里，成年的公猴只有一个，它就是猴王。

白头叶猴的猴王过惯了苦日子，吃惯了山上苦涩的树叶，且从来不会因为树叶不足而担心和发愁。

白头叶猴的猴群为一夫多妻制，猴群中只有一只成年公猴。因此，猴王不需要打斗来获得“妻子”。

在白头叶猴猴王的任期内，猴群中的下一代都是猴王的子女。因此，为了保护妻儿的安全和生活，猴王得付出很多，几乎没有什么特权，可谓是“苦行僧”中的“苦行僧”。

首先，白头叶猴猴王要保卫妻妾的安全，以免它们被周边虎视眈眈的公猴们拐骗，猴王一旦发现猴群有公猴尾随，便会十分警惕，随时向对方示威。其次，猴王要保卫自己的领地，保证妻儿们有足够的食物资源和生活领地，让它们过上无忧无虑的生活。

再次，猴王要担当警戒者的职责，站岗放哨，一旦发现“敌情”，马上带领猴群隐蔽或逃跑。在吃的方面，猴王总是快速地进食，以便有更多的时间为家人站岗放哨。猴群休息时，猴王也不能松懈，仍要负责警戒。猴王“吃苦在前，享受在

群猴图　骆晓芸 / 摄

后”，扮演着遇到困难向前冲的角色。为了更好地保护妻儿，猴王总是与她们保持一定距离，以便观察四周，吸引天敌的注意。

白头叶猴猴王永远坚守着自己的岗位，不断地四处张望，保持着高度的警惕，其他家庭成员则放心地喝水，一旦听到猴王的警告声，便立即跑回树林里。

来，看下一群白头叶猴冒险喝水的场景。

石山角下有一个坑塘，尽管坑里的水不多，且很不干净，但生活在附近的白头叶猴早就发现了这个小水坑，并精心策划着下山喝水的行动。

对于白头叶猴来说，离开了可以隐蔽的树丛是非常危险的，它们绝对不会轻举妄动。于是猴王亲自指挥了这次下山喝水的行动。

从山顶开始，猴群就不急不慢地向山脚移动，到了植被边缘，白头叶猴待在树丛中长达一个多小时。猴王在树丛中确认没有任何危险后，取水行动才真正开始。

猴王先是悄悄地离开隐蔽的树丛，小心翼翼地跳到了石头上。四处张望，确认没有危险后，迅速跳到水坑边，快速地喝了一口水，确认水是可以喝的之后，又快

速地跳回到石头上。

猴王四处张望再次确认没有危险后，便发出低沉的叫声。随后，猴群中其他的成员迅速跑到水坑边，把头伸入水中喝水。白头叶猴喝水很有技巧，为了不把水搅浑，它们只是把嘴唇轻轻地贴在水面上，用嘴吸着水面的水。

喝完水后，白头叶猴很快又回到树丛中，这时猴王发现还有一只贪吃的白头叶猴在喝水，就跳过去催促着，同时自己也顺便再喝上几口。整个过程在两分钟左右的时间全部完成。

猴王，真不是那么好当的啊。

在各级政府、科研机构努力下，如今白头叶猴的数量保持着稳定增长。人们在保护自己生存环境的同时，也为白头叶猴提供了更好的生存环境。

我会永远关注你，白头叶猴。

我是快乐宝贝　梁霁鹏 / 摄

滇金丝猴　奚志农 / 野性中国

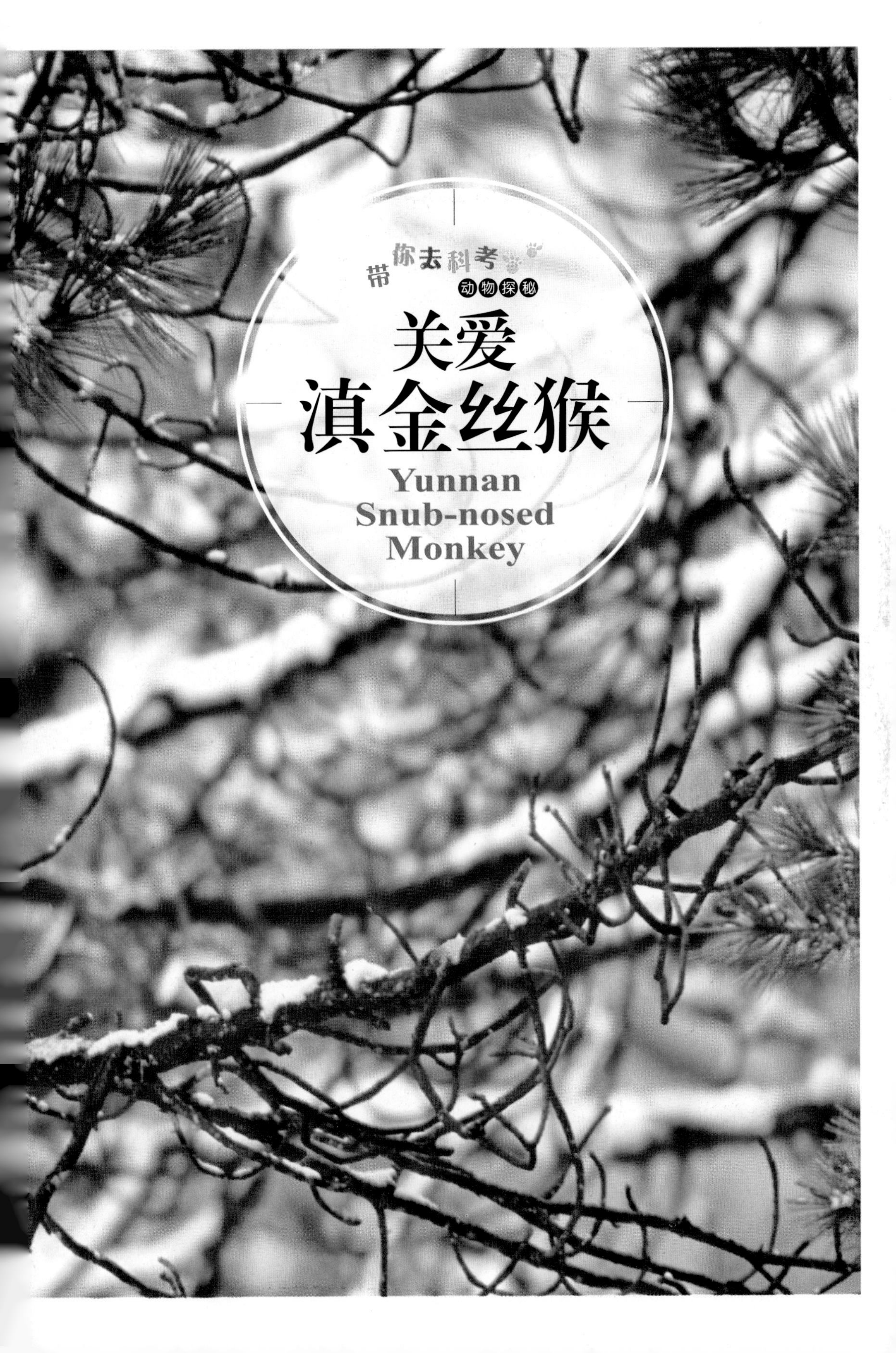
带你去科考
动物探秘
关爱
滇金丝猴
Yunnan
Snub-nosed
Monkey

“红唇一族”

在所有的金丝猴中，滇金丝猴的长相是最像人的。

1879年冬季，在云南白马雪山，法国传教士彼尔特发现滇金丝猴的时候惊呆了。

前面是什么动物，简直太漂亮了。红红的嘴唇，像娇艳的女人的嘴唇一样。

那双漂亮的杏眼，看一眼就让人难以忘记。鼻子翘翘的，一派骄傲的公主范。她绝对是色彩搭配的专家。背部的毛，黝黑发亮。臀部、腹部和胸部为白毛、红毛、黑毛的组合。记忆中这是大牌的经典搭配。

小贴士

滇金丝猴的别称

滇金丝猴的别称有：黑金丝猴、黑仰鼻猴、雪猴、花猴、大青猴、白猴、飞猴，藏语中称其为“知解”，傈僳族语称为“扎密普扎”，白族称为“摆药”。

“亲密爱人”

滇金丝猴的关注者、研究者颇多。从1960年起，有动物学家彭鸿绶教授及白寿昌、邹淑荃、林苏、李致祥、杨德华、木文伟和吴宝琦等科考队员，还有奚志农等科普宣传者。他们中最能够成为滇金丝猴的“亲密爱人”的，当数龙勇诚了。

1985年，龙勇诚第一次到野外考察滇金丝猴，到如今，整整30多年了。龙勇诚对滇金丝猴的热爱从未停止，30年，一万多个日夜啊。

“真的对她像对自己的老婆一样爱？”我悄悄地问龙老师。

“是啊，如果有一个人，天天惦记你，夜夜思念你，对你的一举一动都是这么的关注。那是多么幸福的事啊。”龙老师没有一丝犹豫地回答道。

同事们都知道，龙老师很爱自己的夫人，平时一起散步，出差常带礼物。在他心底，滇金丝猴也占据着同等重要的地位。

在美国大自然保护协会中国项目部滇金丝猴保护项目首席科学家龙勇诚那里，滇金丝猴就享受着非常高的“待遇”。

专家档案

龙勇诚，大自然保护协会（The Nature Conservancy，TNC）首席科学家，中国灵长类专家组顾问。在灵长类动物生态行为学、生物多样性保护研究中具有全面而扎实的理论基础和丰富的实践经验，先后在国内外科学核心期刊上发表学术论文50余篇。他踏遍滇藏万余平方千米原始森林，寻觅出所有现存滇金丝猴群，并给出其精准定位及数量估算，积极推动了野生动物保护事业发展。

作者与龙勇诚（左一）合影

龙勇诚，不折不扣的是“红唇一族”的“亲密爱人”。

龙勇诚多次给我说起他科学考察滇金丝猴的故事。

结缘滇金丝猴，对龙勇诚，有些偶然，也有一些必然……

1985年初，正在做“昆虫研究”的龙勇诚第一次随昆明动物研究所考察队到白马雪山自然保护区考察。龙勇诚简直没有想到，虽然保护区成立2年了，但是人们对滇金丝猴还是知之甚少。当时大部分工作人员都认为滇金丝猴有着“黄黄的毛”……甚至还有的人把猕猴误认为是滇金丝猴。龙勇诚凭借着中山大学动物学专业深厚的功底，向工作人员们深情地描述起了滇金丝猴的漂亮模样，其实当时的他也没有真正见过滇金丝猴。

1985年，龙勇诚（左三）首上白马雪山　龙勇诚提供

1987年10月的一天，龙勇诚在考察休息间歇，闲逛到了

嬉戏　奚志农 / 野性中国

德钦县的集市。“来看啊，来买难得的药材呀。完整的，完整的骨架啊。”一阵吆喝声吸引了龙勇诚。他不看不知道，一看吓了一大跳。这真是滇金丝猴的骨架啊。头骨上有滇金丝猴的典型特征——几乎消失的鼻梁骨，1、2、3……10、11、12，好家伙，整整12副啊。龙勇诚又惊又喜，惊的是，这么多副骨架，漂亮的滇金丝猴不都是被杀害了吗？心里感到好可惜。喜的是，今天遇到了，这些骨架还可以为科学研究作些贡献。虽然天气炎热，骨架有的地方已经长出了蛆，不时发出阵阵恶臭。不容多想，龙勇诚立刻就把12副滇金丝猴骨架全部买下了。

“既然当地农民都把滇金丝猴骨架当药材卖，那么，药材仓库里面会不会也有？”随后，龙勇诚又灵机一动。“小李，走，去乡药材仓库。”龙勇诚和小李快步赶到药材仓库。听说有人来买药材，售货员热情万分，立即翻箱倒柜，不一会又找出了3副滇金丝猴的骨架。“全部要。”这可把龙勇诚高兴坏了。

第二天清晨，龙勇诚把15副骨架装在一个木箱里，从德钦出发，坐了5天的汽车，回到了昆明。

把这些标本带到研究所后，龙勇诚认真地研究起这些骨架。“这是捕猎致死的痕迹。”他的心情瞬时变得沉重起来。“时至今日，围猎活动在当地如此频繁，光打死的就有十几只，那还会有多少只滇金丝猴在围猎中受伤？”“这些可怜的滇金丝猴又不会像人类那样能疗伤，等待它们的就只有死亡！”“一个猴群只要受到几次这样的围猎就会从这个世界上完全消失”“我能够为它做些什么呢？”龙勇诚陷入沉思中……

“怎样才能为保护滇金丝猴做点事情呢？”龙勇诚认真地想了又想。终于，想出一个较为系统的方案。保护滇金丝猴的第一件事，就是应搞清他们的地理分布和种群数量，并配合政府进行有效保护。

由此，龙勇诚作了一个影响他一生的决定：保护滇金丝猴。

首先要搞清滇金丝猴的地理分布和种群数量，为保护滇金丝猴奠定基础。他决定向研究所申请一个课题：研究滇金丝猴地理分布和种群数量。说干就干，当天晚上，龙勇诚就为自己订出了一个详细的计划：先从最北边的猴群和最南边的猴群入手，逐渐包围猴群的中间活动范围，并绘出一张详细的滇金丝猴区域分布图，把滇金丝猴所有群体的具体地理位置及数量都标识出来。

龙勇诚的申请，很快得到了中科院昆明动物研究所的认可和支持。从此，龙勇诚放弃了昆虫研究，开始对滇金丝猴进行全面的野外研究。

初次见面

龙勇诚第一次去找滇金丝猴是1988年5月。仿佛老天爷知道龙勇诚是滇金丝猴的保护神，对他眷顾有加，仅仅3个星期，龙勇诚就找到了滇金丝猴的线索。

“对，从外围到中央。”从现有的资料和生态学的观点来看，理州云龙县检槽乡的龙马山，应该是滇金丝猴分布的最南端。

“但猴群还会继续在这么恶劣的环境中生存吗？”龙勇诚心里有太多的疑问。

趁当地村民的赶集日，龙勇诚向几位从龙马山下来赶集的村民打听。“老乡，你听说过滇金丝猴？”“你见过滇金丝猴？”“滇金丝猴？没有听说过哟。不过，

实地观察滇金丝猴　肖文提供

我听说山上有一种怪金丝猴，他们有一双杏眼和上翘的鼻子。”一个老乡的回答使龙勇诚有些兴奋了。原来，当地傈僳族群众称其为“猕王拿”。“哎呀，那种金丝猴不像猕猴，不吃玉米。”“它们聪明得很。有集体意识，战斗能力强，在自己生存的领地内一般不准猕猴群进入。春夏季节，它们还要和熊争夺竹笋。在地面上，它们斗不过熊，爬到树上，熊则不是它们的对手。”听到老乡们七嘴八舌地议论着，龙勇诚过滤到“干货”，立刻兴奋起来，可以认定，这“猕王拿”肯定就是滇金丝猴。

龙勇诚决定第二天便上龙马山。

龙马山是云龙县北部最高的一座大山，海拔为2100~3600米。由于对地形不太熟悉，龙勇诚请了一位当地向导随他一同上山……

如果碰到新鲜的猴粪，那就说明猴子已经离你不远了。粪便“暴露”了滇金丝猴的活动路径，龙勇诚沿着路径，向前寻找着。可三天过去了，却一直没有看见滇金丝猴的踪影。龙勇诚不由得有点疑惑，开始怀疑自己的判断。

第四天，又是大半天都没有找到滇金丝猴的影子，两人走得都精疲力尽了。前方又发现了新鲜猴粪，两人又有了一点前进的动力。

爱　奚志农 / 野性中国

当他们正准备爬上山坡时候，突然听到一种惊恐的声音，一直在山谷中回荡。龙勇诚快步爬上山顶，站在山上往下看，只见不远处巨大的冷杉丛林中，有一对母子正紧紧相拥，母金丝猴的双手紧紧地搂住小金丝猴和树干。

这场景深深地触动了龙勇诚。

从第一眼看到滇金丝猴，龙勇诚就爱上了美丽的滇金丝猴。说是一见钟情也不为过。在他眼里，它们个个都有一副秀气的面庞，脸上白里透红，配上美丽的红嘴唇，简直就是他的天使，全无半点“毛脸雷公”的猴相。

“我一定会尽力来保护它们。”龙勇诚说。面对“红唇一族”已处于灭绝边缘的困境，龙勇诚再次坚定了献身滇金丝猴事业的决心。

多年监测

为了保护美丽的滇金丝猴，龙勇诚带领团队开始了长期艰苦的科考生活。

在1985~1989年，山，就是他的家。工作、生活，他基本都在山上完成。每天最重要的事情就是：寻找滇金丝猴，如实地记录与它们有关的信息。

为了保证有限的科研经费能够坚持到项目的完成，龙勇诚常常一个人上山，背一个大大的背包，里面装着睡袋、衣服、压缩干粮、记录本、笔、借来的相机……没有现代人的娱乐和休闲。他，已经快要忘记了和滇金丝猴不相关的那些人和事。

周末，他在山上或者野外。

春节，他依然在山上或者野外。

一个人很寂寞，但是，龙勇诚不怕，因为他心中有着“红唇一族”。

真正让龙勇诚难过的是滇金丝猴的“躲闪”。找不到滇金丝猴，心里才是急。只能不停地寻找，经常忘了吃饭，忘了喝水，满脑子里想的就是找到猴群。

为了准确记录，龙勇诚率领考察队员先从最南边的猴群和最北边的猴群入手，逐渐包围猴群的中间活动范围；多次进入龙马山、老君山、梅里雪山，独闯白马雪山，又几次只身前往西藏东南部的芒康县……一步一个点地走着。中国有滇金丝猴出现的地方，就一定留有龙勇诚追寻的足迹。

一次又一次的上山，不知道磨破了多少双鞋，穿破了多少件衣服，写满了多少个记录本。就这样，龙勇诚用了整整10年的时间，绘就了一张滇金丝猴分布图，用红点详细标注了18个猴群的具体方位，一处处都弄清楚滇金丝猴的种群及数量。如此深入地进行滇金丝猴地理分布和种群数量研究，使龙勇诚成为世界上最了解滇金丝猴的人。

最佳同盟军

龙勇诚不是一个人在战斗。在科考过程中，他发展了不少“同盟军”。

“同盟军”中有猎人。第一个和龙勇诚合作的一位猎人是居住在丽江老君山上的傈僳族村民张志明。张志明是一位“全能性”的野外向导，他会做饭、看病、开车、修路、建桥。从1989年的春天开始，张志明跟随着龙勇诚在老君山上同吃同住、形影不离地生活了5个月，龙勇诚寻找滇金丝猴的执着精神和严谨的科学态度感动了张志明，他俩也成了无话不谈的知心朋友。作为最佳助手，张志明还被当地林业部门正式任命为滇金丝猴保护宣传员。

野外考察（2001年）　龙勇诚提供

柯达次、余中华、蔡沙发——这些猎人都已成了滇金丝猴科考中的中坚力量，成为当地保护滇金丝猴的带头人。

“同盟军”中还有外国人。世界自然基金会派来的美国加州大学的博士研究生柯瑞戈。

“同盟军”中还有摄影师。1992年秋天，考察小组来了一名新成员——摄影师奚志农。奚志农不是来做科考的，他是来做科考记录的，他是编外的科考队员。年轻有为的他，被世界自然基金会选中来拍摄滇金丝猴图片、纪录片。

一来，滇金丝猴就给了奚志农一个下马威。上山之后整整6个月，从秋天等到了冬天，他自己总说道：“连金丝猴的毛都没见着。”

1993年8月，奚志农得到科考队重新找到了猴群的踪迹的消息后，第三次从昆明赶到白马雪山。在密林中追踪了一个多星期，最后还是失去了猴群的踪迹。

一天，就在树丛中，奚志农突然看到了一堆新鲜的猴粪！

“发现新鲜猴粪，我激动得像发现宝贝一样。”回忆起那激动人心的时刻，奚志农依然很兴奋。

野外考察（2007年）　龙勇诚提供

“粪。新鲜的粪。”队员们在接近营地的一个沟谷里，看到了非常新鲜的猴粪出现了。“嗯，光亮的，润润的，感觉还带着猴猴的体温。”眼前这一切让所有的队员惊喜：滇金丝猴就在附近。奚志农当时激动得就像发现宝贝一样，趴在新鲜的粪边看了半天。

“真的是它。”

“快，干活。”

奚志农带着自己的“家伙”立即就冲到了队伍的前头。“蹬蹬蹬”，年轻就是有优势，奚志农三步并成两步，不到20分钟就冲上了相对海拔差有四五百米的山脊线。要知道，照平时的速度，至少要半个多小时呢。奚志农穿越杜鹃林时就清楚地听到了猴子的声音，但是他不能够停下。摄影必须要找到一个制高点。冲到山脊线后，因三脚架已经托人带回去了，情急之下奚志农只好脱下外衣，把摄像机搁在一块突出的岩石

专家档案

奚志农，男，1964年生，云南大理人，著名野生动物摄影师，“野性中国”工作室创始人，中国野生动物摄影家和环保主义者。

滇金丝猴觅食　胡杰 / 摄

上面。他甚至顾不上多看一眼，把摄像机的镜头推到最长，焦点清晰，录像的开关摁下去。这一连串的动作是这样娴熟，因为早已经在脑海里练习过上千次，今天，才真正用上。奚志农从取景器里面第一眼清晰地看到了梦寐的滇金丝猴。

滇金丝猴，在1993年9月15日终于被奚志农“捕获”到镜头中。这是最早的滇金丝猴的影像资料，滇金丝猴的拍摄工作有了零的突破。

揭秘

中美联合科考队在崩热贡嘎营地扎下营来，以这个营地为出发点，对滇金丝猴进行了长达3年的野外观察。经过龙勇诚、柯瑞戈、钟泰和肖林等科考队员坚韧不拔的努力，一年就获得了滇金丝猴猴群的信任。他们离猴群的距离从最初的300米缩短到了100米。龙勇诚和队员们走近了滇金丝猴，与它们呼吸同样的空气，饮用同一水源，俨然就是朋友。经过观察记录，取得第一手资料，逐渐揭开了有关滇金丝猴的神秘的面纱。

独特的食谱

滇金丝猴的主食是一种长在冷杉上的树挂地衣——松萝。松萝长长的，就像一把一把的大胡子，因此当地老百姓叫它“树胡子”。松萝靠吸取冷杉的营养来养活自己。如果松萝太多了，冷杉会因为营养全部被吸光而死亡。松萝的营养成分不高，主要成分是纤维，蛋白质的含量很低。由于松萝的生长十分缓慢，需要10~20年的时间才能自我更新，因此，滇金丝猴猴群就像游牧民族一样，为了寻找新的觅食

美　龙勇诚提供

采食 奚志农/野性中国

地，有时需要迁移10~20公里的距离。

滇金丝猴似乎早就意识到松萝是自己安身立命赖以生存的口粮，它们从不会死守着一片林子，没有计划地吃完了再想办法，而是在很大的一个范围内游荡，今天吃这里的，明天又换那里的吃。这样既可以保证有足够的松萝享用，又可以控制松萝过分蔓延，以免“杀死”冷杉。

猴群 龙勇诚提供

冷杉为滇金丝猴提供食物和隐蔽所，滇金丝猴为冷杉清除“吸血鬼”，冷杉——松萝——滇金丝猴，谁也离不开谁，三者之间就这么形成了一种微妙的共生关系。大自然就是这么奇妙!

母子飞跃　奚志农 / 野性中国

1994年7月，考察小组从 1 公里之外的观察点偶然拍摄到了猴群为了转移到一片新的觅食地而进行的一次大规模迁移。正是这次机会，考察小组数清了猴群的数量。他们惊奇地发现，这个猴群共有174只滇金丝猴。柯瑞戈给科考队员们介绍说，对于金丝猴来说，一个群体如此之大是很少见的。

小贴士

刚出生的小宝宝都是灰白色的，当地老百姓习惯地叫他们“雪猴子”。这是因为在高海拔地区每年的大多数时间都下雪，身体灰白的幼猴宝宝在雪地里就不容易被天敌发现。

就这样艰难地一群一群的统计，科学家们终于弄清楚滇金丝猴种群数量为15群，大约1700只。

母系家庭

滇金丝猴的家庭是典型的母系家庭，雄性只是母系家庭的过客。成年公猴的体重至少是成年雌猴的两倍。公猴要打赢了才有资格当“爸爸”。体格最强壮的公猴保证了后代的强健，这对于滇金丝猴这个物种的生息繁衍多么重要啊。

雄猴简直就是“高大帅”，身材魁梧的雄猴的红嘴唇比母猴的还鲜艳，额头耷拉着一撮“刘海”。

滇金丝猴虽然是“母系式”结构，雌猴说了算，但却实行“一夫多妻制”。每个家庭由一只公猴、三至五只母猴和多只幼猴组成。

龙勇诚团队经过长年科考，在滇金丝猴研究中取得丰硕成果。更多科考团队的加入，探明滇金丝猴物种更多秘密。在科学家与政府的共同努力下，滇金丝猴种群正得以壮大和发展。

黔金丝猴活体的获得

黔金丝猴的发现，是一百年前的事情了。

1903年，英国传教士汤姆逊偶然从贵州北部的一个猎人手中收购到一张雌兽的残缺皮张。这是一个奇猴的标本。这奇猴有一张淡紫蓝色的脸，圆润肥厚的嘴唇，朝天上仰的鼻孔，长长的尾巴，一副滑稽可爱的模样。它的双眼圆圆的、大大的，体毛以灰色为主，两肩之间有一块明显白斑，动作敏捷，十分活泼可爱。

汤姆逊根据已发现的川金丝猴、滇金丝猴的资料，断定这种奇猴与川金丝猴、滇金丝猴同属于仰鼻猴属的动物，但为新物种。

黔金丝猴是我国特产动物，仅见于贵州北部的梵净山及附近地区，自然分布区域狭小，这是世界上罕见的物种，总数大约仅有750~800只，可以说是世界上数量最少的灵长类动物之一。黔金丝猴是最濒危、最珍贵的一种金丝猴，称它们为“世界独生子黔金丝猴”是很合适的。

在黔金丝猴的发现史上，因没有人亲眼目睹过黔金丝猴的活体，人们以为这一神奇的物种已从地球上消失了。

峰回路转，奇迹就发生在黔金丝猴发现后的第60个年头。

这种神秘的动物突然出现了。

黔金丝猴　崔多英提供

1963年4月，西南动物研究所一行8人在梵净山考察，突然有人看见树枝在晃动，“是什么动物？”“耶，还是一大群。”再仔细看，它们在吃树叶——什么？什么？都说研究人员头脑就是一本书，迅速地比对，“是黔金丝猴。大家看是不？”考察队长立即说出自己的分析结果。“我同意。”“我也同意。”大家七嘴八舌地说着，很快就达成共识。

回来后，再次认证研究，情况的确如此。考察队员真的很幸运，在这次考察中，发现了成群黔金丝猴的活动。

“野外是看到黔金丝猴了，最好还是捕获到活体来进行系统性研究。”专家对下一步工作做出安排。

就此，获得黔金丝猴活体的工作被提到了议事日程上。愿望终于在4年后得以实现。那是1967年9月，在梵净山西部一个叫金盏坪的地方，一只黔金丝猴雌猴下山来偷老百姓的瓜吃。这只贪吃的黔金丝猴，独自闯入一个老乡的菜地，落入了安在那儿的绳套里面。“捉到黔金丝猴了！”消息迅速从梵净山传出，很快传到了贵阳，传到了林业部，传到了北京，传到了中国科学院。“捕获到黔金丝猴了”“活体的获得，是很难得的。”“好好优待这个罕见的‘俘虏’哟。”中国科学院动物研究所得到通知后，马上做出决定：派技术骨干全国强和陆长坤前往当地迎接。为

梵净山 崔多英提供

杨业勤（右二）在野外考察　崔多英 / 提供

了避免节外生枝，全国强和陆长坤从江口县武装部取得这只猴以后，立即直奔贵阳，乘火车返回北京。黔金丝猴摇身一变就变成了“北京的猴”了，住在中国科学院动物研究所四楼的一间办公室里，天天有科学家来“伺候”，日子过得很舒适。全国强亲自为这只宝贵的黔金丝制定“食谱”，每天吃什么，吃多少，清清楚楚。陆长坤更是忙前忙后，及时添加树叶和饮水，把房间也打扫得干干净净。一周过去，这黔金丝猴天天吃得好，睡得好，粪便也正常，一点都没有水土不服的症状。转眼三个月过去了，在科学家细心地照料下，这只猴的体重由7.7公斤增加到8.4公斤。

新的一年到了！科学家是如此之忙，还是把这黔金丝猴送到动物园去吧。这黔金丝在1968年初转送到北京动物园饲养场饲养，主要工作还是饲养、观察、研究，并不对外展出。

“它太可爱了。”“好温顺啊。”北京动物园技术员何光昕和它相处几天后，

黔金丝猴喜欢采食嫩枝叶和花苞　王泽重 / 摄

就给予了这样了评价。长期和人友好相处，这只猴相当温驯。“多么希望它能健康地成长啊。”阳光灿烂的日子，何技术员就能够看到饲养员带着这只猴到户外去晒太阳，当然还是带着链条。看到饲养员手中的食物，这猴就急不可待了，跳得高高的，它自己就跳起来去取食物了，完全没有一点点怕人的感觉。技术员仇秉兴仔细检查了它的牙齿，是棕黄色，而且还有一些磨损，显然是在野外环境下吃粗糙食物引起的。这黔金丝猴每天大多数时间都待在何光昕给它搭建的栖架上。仇秉兴严格控制它的饮食，粗纤维为主，吃树叶树枝，苹果、胡萝卜定时定量供给。看到它不想吃的样子，仇秉兴马上给点它最喜欢的昆虫做诱饵，它就张大嘴开吃。经过精心饲养，它的体质更好了。

一个人是孤独的，一只猴也是寂寞的。“伙伴”终于在1970年到来了。另一只黔金丝猴被捕获了。那是发生在贵州梵净山南部一个叫盘溪的地方的事。1970年 4 月，一群黔金丝猴下山来偷吃豌豆苗，其中有一只贪吃脱了群，被一个小孩发现了，村里就放出四条狗去追。黔金丝猴在树上上蹿下跳，非常灵巧。但是由于它被吼叫着的狗群团团围住，弄得它不知所措，一屁股就坐到了地上。老乡立刻猛扑过去，把它活捉了。这只黔金丝猴还是只雄猴。按照上级的安排，很快就将此事报告给北京动物园，并由动物园收养。终于北京动物园有了一对黔金丝了。

北京动物园将两只黔金丝猴一左一右隔离饲养，这对幸运的朋友很快就习惯彼此的存在，一会你望望我，一会我望望你，含情脉脉的样子令人忍俊不禁。何光昕看到这个场景不由自主地发出笑声。它们彼此都表现出非常友好的样子。不久，雌猴发出了“恋爱”的信号，暗送秋波，主动接近雄猴。它们是应该“结婚”了，饲养员就把它们放在一个兽舍内饲养。新婚的日子，是快乐的，双方情投意合，形影不离。雄猴太开心了，终于拥有了自己心爱的妻子。手，轻轻地；动作，温柔地。他是那样细心地梳理雌性黔金丝猴的绒毛，让大家都为这对恩爱的黔金丝猴夫妻而感到欣喜。

世界终于开始近距离地了解研究黔金丝猴了。

动物园的老朋友来了

自从1968年黔金丝猴住到北京动物园那天起，黔金丝猴就与北京动物园结下了不解之缘。

缘分，在41年后又续了起来。

“作为世界上唯一一个同时展出三种金丝猴的动物园，我们要积极参与到金丝猴的野外保护工作中。”张金国副园长在认真分析本园的优势和发展方向后，冷静地说出这样的话语。

成都动物园黔金丝猴说明牌

“对，我们现代动物园是野生动物保护的重要基地。”大家立即赞同地说道。“我们要在国内动物园行业，率先开展保护野生动物及其栖息地的科研项目。”“我们要实现从传统动物园向现代动物园的根本转变。”科技人员纷纷发表自己的见解。“我来研究野生黔金丝猴。”崔多英博士的声音虽然不大，却是那么坚定而有力。

其实，这个问题崔博士已经思考了很久很久。很快，在2010年，“野生和圈养黔金丝猴行为学比较研究”课题就立项了，主要研究地点自然就在北京动物园和贵

专家档案

崔多英，理学博士，副研究员。主要从事动物生态学和保护生物学研究，目前在北京动物园从事科研工作。主持“贵州梵净山黔金丝猴生态学研究”等科研课题。

州梵净山国家级自然保护区。

“啊，亲爱的黔金丝猴，动物园的老朋友就要来看你们了！”3月，崔多英博士一行三人满怀着对黔金丝猴的爱心和期待踏上了西行的火车。北京到贵阳，再到玉屏侗族自治县，经铜仁，终于在长途跋涉之后，到达了梦中多次出现的梵净山国家级自然保护区。

真的，好似梦境，却是现实，眼前这一切，在崔多英看来是多么熟悉啊，和梦里是那样相似。放眼望去，梵净山保护得真好，“多完好的原始森林啊。”同行的小张，面对这原始森林赞叹起来。铁杉、鹅掌楸，这些既漂亮又有保护价值的国家重点保护植物，一下子都出现在眼前。“黔金丝猴，你什么时候能够来到我们身边？”

40天的无奈

人说贵阳“日无三日晴，地无三尺平。”这次崔多英更真切地体会到了这句话的内涵。

虽然一来贵阳，就得到保护区管理局杨业勤局长和科研人员热情的接待，但是老天却不给面子。第一天，下起了瓢泼大雨。雨把崔多英的心都浇凉了。“这什么时候才能够出门哟。”杨局长太了解大家急切的心情了，一早就打来电话，“多英，你们不要着急哈。这样的天气，在野外也找不到黔金丝猴，他们也要躲雨的。”“先熟悉情况吧。”一周后，雨小了一些，但是丝毫没有停止的意思。雨整整下了一周。第二周，在焦急的等待中熬过；第三周，终于等不下去了。冒着小雨，崔多英开始了雨中的寻觅。

山洪也不能阻止科考队员的前进　张媛媛 / 摄

路，在长时间的雨水中浸泡后，已经是“一锅粥”，下过雨的山地泥泞不堪，极难行走，深一脚，浅一脚，不一会，脚已经拖不动了，因为鞋粘上大量的泥巴，裤腿也是水洗过一般。随行的小张在努力挣扎后终于滑倒在路旁。大家彼此看了一下，都不由得大笑起来。

日子就这样在雨中一天又一天度过，好在老前辈杨业勤局长派人送来了专著——《黔金丝猴的野外生态》。在见不到黔金丝猴的日子，看书成了他们被迫的首选。

时间过得真快，一晃一个月就过去了。再过十天就是回去的日子了。队员们开始倒计时，黔金丝猴在哪儿呢？机会总是留给有准备的人。最后一天，天空终于放晴，考察队员顺顺利利地到了观察点。“快看，在树上！”有队员大喊一声。40天无奈的等待终于等到了今日的相见，幸运啊，一睹黔金丝猴的真容。虽然来得晚了些，但是毕竟还是见到了。不虚此行。“下次，一定会更有收获。”开开心心，崔多英一行心满意足地返回了北京。

见面，其实不难

想起来，此前黔金丝猴仿佛是在故意考验崔多英。以后的每一次都是顺顺利利地近距离观察黔金丝猴。

观察，就是仔细看。看到队员们认真观察的样子，崔多英就替黔金丝猴感到高兴。有这么多人在关心它，爱护它。

一旦跟踪上猴群，崔多英他们就一声不响、一动不动地躲在树丛中，静悄悄地观察、记录。猴群是在玩耍还是在取食？然后立即将观察到的情况准确记录下来。在岩高坪附近，考察队员和猴群的距离差不多就200米吧。虽然距离是远了点，但是黔金丝猴觉得安全，不觉得受到干扰，此时的猴群非常配合，摆着各种姿势，让你看个够，让大家畅快地做了将近2个小时的观察记录。这群猴有12只左右，在大公猴的带领下在树上休息采食。突然，天空飘起了小雨，寒风使唯一的女队员瑟瑟发抖。“生点柴火吧。”向导凭经验给了一个建议。好。马上弄起。队员们围坐在柴火周围，这群黔金丝猴却在树林中穿来穿去，好一副自在逍遥的样子。聪明的黔金丝猴，对崔多英还是很警惕，“陌生人嘛。”但是对当地的向导还是很“信赖”的，只有他才能看得清楚藏树冠中的母猴和小猴。

火眼金睛，绝对不放过黔金丝猴活动留下的任何痕迹。分区域，每个人都要格外仔细地搜索，保证不漏掉森林里的任何一个角落。“这是黔金丝猴活动过的

观察记录黔金丝猴行为　崔多英提供

搜集野外资料　崔多英 / 摄

地方。”杨业勤指着折断的树枝和吃剩的枝叶说道。崔博士立即捡起地面上的树枝和落叶仔细观察起来。“嗯，你看这咬痕，这牙印，肯定是黔金丝猴吃了的。”“嗯，这样看来，这群黔金丝猴还真吃了不少树叶。厉害，厉害，简直就是名副其实的‘叶猴’”。

“看，这个便便湿润，表面光亮，新鲜。”“这个嘛，都松了、散了，有些时间了哟。”找到黔金丝猴的粪便后，杨局长和崔博士就立即判断出黔金丝猴的排泄时间点。然后根据地上留下的枝叶和粪便的新鲜程度来找出黔金丝猴的运动轨迹。连续几个月考察下来，黔金丝猴的栖息地环境全部都已经记录在案，对它们已了如指掌。

仿佛幸运伴随着考察队。随着时间的流逝，考察队员看到黔金丝猴的次数越来越多。而最难忘的还是最近的一次观察，这次与黔金丝猴距离不到20米。那天，距离好近，看得好真切，考察队员和向导6人，老的少的，女的男的，全部和黔金丝猴玩起了“捉迷藏”，有的蹲起隐藏在山石后面，有的躲起隐蔽在大树后面。浓密

爬上梯子在高高的青冈树上观察　崔多英提供

的枝叶，正好可以做掩护，队员们静悄悄地观察起黔金丝猴的行为细节来。

作者（中）与崔多英（左一）分享黔金丝猴研究成果

“千万不惊动猴群。”每个人都知道这是最重要的事情，队员们躲啊躲，身体弯得来基本要贴到地面了。“好敬业呀。”彼此在心中夸一夸。看，猴子们在树枝上欢快地吃着可口的嫩枝、树叶和花苞，几只小猴猴在树枝上跳上跳下，嬉戏玩耍，来，吃一口。扯起树叶，边吃边玩。“呼”的一声，一只小猴飞身到了更近的树枝上。哎呀，它就直接跳到科考队员正头顶的树枝上。“不要被发现。不要被发现。”心中祈祷还不到两遍，就听到“唧”的一声尖叫，机灵的小黔金丝猴又发出一连串急促的报警声，“有人。”信号一发出，猴群顿时集体逃窜，快步向山上逃去了。一刹那间，整个黔金丝猴群都消失得无影无踪了。

3年的野外艰苦考察，崔多英已经成为黔金丝猴的“知音”。黔金丝猴的一举一动，崔多英基本都知道它的真实含义。更为重要的是，还有新的发现。崔东英他们把收集的粪便带回实验室，进行分析，验证了黔金丝猴的确是“素食主义者”，采食部位基本包含了植物所有的组织，而在冬季最喜欢的竟然是地表植物的嫩枝！

“我能够肯定,你们陈述是对的。”专家终于对他们新的发现给予了高度的肯定。“我们胜利了。我们成功了！”项目组的青年人欢喜雀跃，这是世界上首次发现，发现黔金丝猴在冬季要食用地面上的四照花果实。

崔博士推断，这是黔金丝猴在冬季对食物果实和种子最大化利用的一种策略。

能为黔金丝猴保护提供基础数据，崔多英感到无比的欣慰。

川金丝猴母子　李峰 / 摄

探秘川金丝猴

Golden Snub-nosed Monkey

它，为什么叫“川”金丝猴呢？在“金丝猴”前面冠一个“川”字，是因为这种金丝猴主要分布在四川。其实，川金丝猴也分布在陕西秦岭和湖北神农架一带，只是数量很少。

川金丝猴是在1870年被发现的。但对川金丝猴的深入考察研究，却是在1958年才开始。

几十年来，关于川金丝猴这个分布较为广泛、数量相对较多的物种的科考故事，层出不穷，而且都很精彩。可以说，每个科考队都有自己的故事。今天，我来说说最难以忘怀的几个小故事吧。

玩耍中的川金丝猴　卧龙保护区提供

金发美猴

伴生动物

川金丝猴是大熊猫的“伴生动物”，川金丝猴生活的地方和大熊猫生活的地方很重叠。就是说在大熊猫出没的地方，很容易见到川金丝猴。

正因为如此，考察大熊猫的科考队，往往也把川金丝猴一起考察了。

1978年，在研究大熊猫的时候，胡锦矗教授所带领的科考队就已经在卧龙和唐家河开展了针对川金丝猴的野外考察工作。如今，胡杰接过胡锦矗老师的研究工作接力棒，继续在唐家河国家级保护区对川金丝猴进行科考。

在卧龙国家级自然保护区，胡锦矗所带领科考队员很快就找到了川金丝猴的“踪迹”。

“看，在树上。”胡老师指着树林的高处说道。考察队员一看，果然有好几只川金丝猴在树枝上。

样子太吸人眼球。

川金丝猴头型有个性，头顶的正中有一片向后越来越长的黑褐色毛冠，两耳长在乳黄色的毛丛里，一圈橘黄色的针毛衬托着棕红色的面颊。好可爱的毛猴。

再看看它的胸腹部，毛色明显变浅，以淡黄色或白色为多。

令人惊叹的是，从颈部开始，它的整个后背和前肢上部都披着金黄色的长毛，细亮如

川金丝猴上树　唐继荣 / 摄

丝，色泽向体背逐渐变深。哎，背毛差不多有一个手臂长，就是50厘米左右吧。在阳光的照耀下，金光闪闪，好似披了一件风雅华贵的金色斗篷。

最与众不同的是，它的鼻子，没有鼻梁，鼻孔朝天上翘。从侧面仔细观察，还能够看到它有一个很洋气的带小勾的鼻尖。

金丝猴，正是当地老百姓的叫法。显然人们就是根据它闪闪发光的金黄色皮毛为它命名的。

《西游记》里正义的形象“美猴王”孙悟空，也是一身金光夺目的皮毛，它也是金丝猴。由此可见，人们对金丝猴的喜爱之深。

众多科考队多年的研究，已经将川金丝猴习性摸透。让我细细述来吧。

身手不凡

人们常把活跃调皮的孩子成为“猴儿”，猴子的特性就是活跃调皮。你看一群群的川金丝猴在树林中跳上跳下，从一棵树飞到另外一棵树时，一片片“金丝”在空中飞扬，好热闹的场面。攀树跳跃，腾挪如飞就是它的强项。强壮的尾巴赋予金丝猴强大的跳跃能力。川金丝猴的下肢爆发力非常强，隔十几米，甚至二三十米的地方，它一下就能跳过去。有的时候听见了树叶在摇晃的声音，考察队员还没反应过来，它们就已经消失在浓密的树林中。它在林中飞来飞去，却很少下地。胡锦矗教授将金丝猴活动过的痕迹形象地比喻为“天上的影子，地下的棍子”。我听到这，起初颇为不解。想必是胡老师看到我疑惑的样子，胡老师耐心地对我说：“小陈，‘天上的影子’指树干上附生的地衣等附生植物一块一块的落痕，而‘地下的棍子’就是金丝猴折下的树枝呀。”“这些都是金丝猴踪迹。”“哦，哦！”我恍然大悟。

杂食动物

考察队员观察完它的外表特征和形体后，就开始了对它食性的调查研究。吃了什么，吃了多少，马上记录在案。经过春夏秋冬的资料积累，川金丝猴完整的一套野外食谱就呈现在大伙的面前了。哦！仔细数一数，有树叶、嫩树枝、花、果，也吃树皮和树根，爱吃昆虫、鸟和鸟蛋。光植物就有36种耶，好杂！真正的杂食动物。通过比较各个季节它的进食情况，区别也很大哟。想想也是正常，不同季节植物的情况都不同呀，它们吃的东西当然就不一样了。

吃树皮　唐家河保护区提供

喜欢冷

冬天，卧龙大雪纷纷。考察队员踏着厚厚的积雪，深一脚，浅一脚地艰难前进。雪地上，留下考察队员深深的足迹。“这么冷的天它们不会还在野外吧？”“会不会都躲起来了呢？”……带着种种疑问，经过几个小时艰难的跋涉，终于到了观察点。“耶，它们在。”“快看。”“哦，这只，像发了疯似的，在追着飞舞的雪花。”“依旧跳得那么的欢。”……眼前的场景让大家清楚地认识到：川金丝猴是耐寒的动物，和大熊猫一样喜欢冬天，喜欢雪花飘飘。

猴王就是老大

考察队员在上百只猴群中，发现了一只很特殊的个体。雄性，长长的“蓑衣”更加漂亮，声音也特大，它一吼，其他猴都停下手中的事情，在吃的也不吃了，在玩的也支起耳朵来听。只见它飞起来是那样的矫健。偶尔下地，那简直就是耀武扬威，再配上那翘得高高的尾巴，威风之极，这就是猴王。每个猴群都有一个猴王。

川金丝猴猴王是很霸道的，在群体中享有特权。有一天傍晚，一群川金丝猴到寨子后面的核桃树、苹果树上偷吃果子被人们发现后仓皇逃跑，不巧被小河拦住了去路，大金丝猴一跃而过，小金丝猴却过不去，急得“吱吱”地乱叫。此时已经过了河的猴王见状发出“命令”，派一只大公猴过河接应。公金丝猴返身又跳过河，抱起小猴准备过河。由于心慌失手，小金丝猴抛落在水中。金丝猴们一见拼命顺着河边跑去抢救，在下游把小金丝猴救上岸来。只见那威武的猴王气势汹汹地走近那只失手的公金丝猴，“啪啪”就是两个重重的耳光。公金丝猴自知有错，默默地接受了猴王的惩罚。

猴群实行“一夫多妻”制。猴王就是“皇帝”，好多只母猴都想和它做“亲密爱人”，纷纷在它前后献媚争宠。

被驱赶是未成年金丝猴必然遇到的现实，虽然小时候妈妈和姨妈们是如此疼爱它，但被驱赶就是它的命运，而且随着年龄的增长，公猴被驱赶的次数会越来越多。猴王的眼睛是很尖锐的，当它看到一只公猴体形、体重的增长比母猴快的话，当感觉这只公猴的存在对自己会构成潜在威胁的时候，猴王就会大打出手，把这个“威胁”驱赶出家族。

猴王　王志瑞 / 摄

夫人的金发翘鼻

1869年5月4日，传教士戴维在四川宝兴县狩猎时捕到6只“长尾巴猴”。

戴维仔细观察后，解剖分析 “长尾巴猴” 可能是一种动物新种。他将“仰鼻猴”剥制成标本，运回法国，请专家鉴定。

1870年，法国科学家米勒·爱德华研究后确定，这种“长尾巴猴”不但是一个全新的种，而且是一个全新的动物属。爱德华它将这种“长尾巴猴”升级为一个新的动物属——仰鼻猴属。

金丝猴披着金丝，有一个仰天鼻，很像当时著名的十字军总司令的夫人——金发女郎洛西安娜。她拥有与众不同的小翘鼻,使原本就很漂亮的她更加魅力四射,引得众人仰慕。于是，爱德华就以“金发翘鼻的洛西安娜”为仰鼻猴种命名。

体色不同

川金丝猴幼体和成体的体色还不同。小时候，川金丝猴幼体脸是浅蓝色的，体色为灰褐色，不漂亮。它无论是雄性还是雌性，都会越长越漂亮，慢慢脸变成天蓝色的，体色为金黄色，成为真的“金丝猴”。

呆萌　伍程钺 / 摄

在四川龙溪—虹口国家级自然保护区，更精彩片段还在继续……

2006年8月的一天，科考人员在跟踪大熊猫“盛林一号”的过程中，在靠近保护区龙池时，科考队员看见不远处，闪出一道道金色的亮光。

“是川金丝猴！”科考人员都不约而同地小声惊呼着。

“耶，还是一群。”有人喊道。

“简直太难得了。”赵志龙在龙溪—虹口国家级自然保护区内工作了多年，见过川金丝猴，但是还真没有在野外见过这么大一群川金丝猴。

科考人员小心翼翼地向猴群靠近，在距离猴群直线距离约15米的位置后，对猴群的野外活动状态进行了近距离观察。

“一只，两只……”

“我们分区。这边你们2个负责，那边就我们来负责哈。”

“耶，我数了，这棵树上有18只。”

“我这边也不少，有22只呢。”

“我……”

大家下来一合计，好家伙，居然有60只之多。

“好大一群哟。”发现川金丝猴有的在树上嬉戏打闹或进食，有的在梳理毛发或休息……猴群的野外活动习性状态基本齐全。

科考人员赶紧拿出相机，抓拍下了珍贵的川金丝猴群野外活动照片8张，留下了川金丝猴野外活动及习性研究的第一手宝贵资料。

快活的川金丝猴　李晓鸿 / 摄

这么精灵的动物，真会选地方。龙溪——虹口国家级自然保护区20多年的努力与付出，被这些可爱的川金丝猴感知到了。

驱车仅仅2小时，就可以见到川金丝猴群，地处成都市的人也的确是太有眼福了。

小贴士

1. 猴语

“乌—呷　”“乌—呷”是川金丝猴群的嬉逐声；“乌—伊”“乌—啊”是川金丝猴群的抢食声；“呷履行—呷”是川金丝猴群的报警声。

2. 肉瘤

看到有的川金丝猴嘴边的肉肉，很多人问：这是什么？

这是肉瘤。正如人类成年男性要长喉结一样，成年雄性川金丝猴上唇两侧有嘴角瘤，而且年纪越大，肉瘤就越长越硬。

3. 天敌

川金丝猴天敌有马熊、豹、金猫和黄喉貂等食肉兽及鹰、鹫、隼等猛禽。

人工投食

为了能够近距离地观察川金丝猴，必须走近川金丝猴。

猴儿们的活跃程度，不少人都是有点体会的。上蹿下跳——疯起来，完全无拘无束。但是，科研需要在一个相对固定的范围来进行。

怎么办呢？

想想……

想想

再想想……

头脑风暴。

脑洞大开。

众多方案中，川金丝猴研究专家李保国带领科考队选取了人工投食的方法。

冬季，万木凋谢，可以吃的树叶也越来越少，这时川金丝猴在野外觅食越来越困难了。“可不可以进行人工补食？”“日本有成功案例，是否可借鉴？”一个大胆的想法从科考队员头脑中冒出。“可行啊！”“这一举两得的事。”是啊，人工补食既可以克服冬季食物不足的困难，也能近距离无干扰地跟踪观察猴群。

在玉皇村贡泥沟，科技人员选了一块较为开阔的地带作为金丝猴投食的地方。“来，吃苹果。”第一天，科考队员把洗过的苹果放在地上时，心里默默地说道。但是，“轰”的一声，川金丝猴群在距离工作人员上千米的时候就四散跑开。这些野生动物对人类有本能的恐惧感。毕竟金丝猴还不明白这代表着关爱，不知道这就是友善。随着时间的推移，猴群离苹果的距离是越来越短了。“其实，我好想吃。”“我好喜欢那个红苹果。”……猴儿们在心底不知道对自己说了多少次这样的话。渐渐地，猴群熟悉了这群“穿迷彩服的人”，也渐渐放松了对他们的戒备。

适应了！成功了，猴群终于理解了李教授的初衷，这是考察队员永远难忘的日子。这是具有里程碑意义的一天，开启了一个金丝猴研究的新时代。那天，天寒地冷，树枝上挂满冰凌，树叶早已经所剩无几。饥饿,无比的饥饿是此时猴群面临的最现实问题。终于，出现了一个“孙悟空”，一只大胆的、饥饿的金丝猴开始慢慢地靠近科考队员，试着去尝科考队员投放的苹果。那一天，只见那只金丝猴咬一口苹果，马上就扔掉，警觉地跑到一边。“不怕，我们不急也不追哈。它尝到甜头，

川金丝猴一家　成都动物园提供

肯定还会回来。”果不出所料，第二天，那只大胆的金丝猴又来到补食点。“哈哈，味道还是多好的。”它想了想，吃一口，又吃一口，吃了两口后仍不舍地扔掉。“哈哈，哈哈哈……”队员老王见状早已笑得合不上嘴了。那猴，想吃美味不想放手，却又担心不安全的精灵样子，叫人忍俊不禁。第三天，它试着再多吃了一口……安全！第五天，第二只金丝猴也来到补食点，开口了。一周后，一家金丝猴成员开始自己到补食点来采食了。半个月后，整个川金丝猴猴群都接受了人工补食，并且它们还能简单回应工作人员的呼唤。

听到川金丝猴吃苹果时发出的“吧嗒”的愉快声，就知道它们心里有多么香甜了。

每天，都有较为固定的川金丝猴来到这里觅食，研究小组将这群川金丝猴称为“投食群”。金丝猴天天吃投食，与人亲近起来，也不怕人了，经常还跳到人身上，与人一同嬉戏。从此，研究人员便可以近距离地观察记录金丝猴的行为了。

有三个“妹妹”，分别叫“子梅”“子南”和“子井”。有四个“弟弟”，被队员们喊为“子晴”“子曰”“子代”和“子北”。

每天上午9点到下午3点半，研究员都到观察点，近距离观察这7个宝宝。一天观察一个，一周刚好就是一轮。

果然，在预料之中，在两年的川金丝猴观察中，科考队员从大量的行为学观察数据中发现了更多的川金丝猴规律。

李保国团队为了更好地进行比较研究，在秦岭南坡的佛坪也进行同样的实验。2009年着手，当年即获成功。

自然教育工作者也以此为基础研发了“一起来参加川金丝猴科考吧！”系列教育活动，每年吸引了近万名中小学生和野生动物爱好者。

野外的川金丝猴

理毛

除了吃饭睡觉，川金丝猴最常做的事情就是理毛。所谓理毛，就是一只金丝猴梳理另外一只金丝猴的毛发，并用手或牙齿，拾出毛发或皮肤上的脏物或寄生物，然后放到嘴巴里咀嚼。

男女有别

就像人类的男孩和女孩行为有差异一样，川金丝猴的公、母猴行为发育还真的差别很大。

两岁的川金丝猴都“学会”了理毛，它们不光自己理，也会帮助同伴。通过观察记录发现，“妹妹”们勤

一家人 唐家河保护区提供

快得多，理毛次数明显比“弟弟”们多得多。随着年龄的增长，这种差异更加突出。更为不同的是，两岁的雌猴有时会给更小的婴幼猴理毛毛，就像妈妈对待自己的孩子那样的耐心细致。“母爱”，已作为必要成分流淌在年轻母猴的血液中，早已作为烙印留在母猴大脑里。而小公猴则很少有这种举动。

成都动物园的川金丝猴一家

调皮是男孩子的天性。公猴从两岁开始，变得越来越会“玩要”，它们开始耐不住寂寞，常常三三两两相互追逐、摔跤、揪耳朵、闪躲，而且随着年龄的增长，它们变得越来越“贪玩”。相比之下，母猴就要显得“文静”许多。

这时，公猴开始学习攻击技巧。有时，它们会向其他金丝猴冲过去，对其又抓、又打、又咬，并伴有“呜呜”的叫声；有时，它们会站在其他金丝猴的身后，双手抓住对方腰部的毛，双脚踩在对方的脚踝上，爬到对方的背上。

这种性别差异与成年川金丝猴的情况是一致的。科考人员分析，这就表明了青春期的川金丝猴，其行为的性别差异在很大程度上是因遗传而形成的。

在这物种的发展中，成年母猴主要任务是孕育后代，因此，母猴通过照顾婴幼儿，使小母猴学习做母亲的经验，保证她将来能够哺育好更多的后代。小雄性猴则需要学习包括跳跃、追逐、摔跤等社会技巧，以防御天敌，争取赢得“妹妹”的青睐，而玩要行为正是这些技巧的主要锻炼方式。

科考队员的行为学研究结果表明，川金丝猴是最具母性的，可以称得上“伟大的母亲”。川金丝猴妈妈无微不至地照顾和疼爱自己的孩子，丝毫不逊色于人类。你看，猴宝宝吃奶的时候，母猴总是把小猴紧紧地抱在胸前，或是抓住小猴的尾巴，丝毫不给它玩要的自由。此时，朝夕相处的丈夫尽管向“夫人”献尽了殷勤：又是为她理毛、又是为她剪痂皮，但是也别想摸一摸自己的宝宝，更别提抱抱小猴亲热一番了。猴宝宝，总是很享受这个美好时光，幸福地躺在妈妈温暖的怀里。

人们常说，高山流水，知音难寻。川金丝猴的“知音”颇多，四川有，陕西秦岭也有，而在湖北神农架，神农架自然保护区科研所所长杨敬元及其团队也是川金丝猴的“知音”。

音实难知，知实难逢，逢其知音，千载其一。

成都动物园就是这“其一”。1958年，成都动物园开始饲养川金丝猴，几十年来在饲养、疾病预防治疗、训练、讲解等方面做了深入研究。现在，成都动物园已成为四川省川金丝猴繁育研究中心，更加关注川金丝猴这一物种的前途命运。

川金丝猴还吸引了英国著名摄影师TIM。让川金丝猴成为镜头的主角，以引导人们“学会欣赏自然之美，学会关爱川金丝猴”。

乐乐和乐奇　香港海洋公园提供

香港海洋公园也派人来了。

项目论证期间，香港海洋公园的吴守坚总监见到川金丝猴活泼可爱的情景，被深深吸引。

如今，在香港海洋公园的川金丝猴“乐乐”和“琪琪”不仅仅适应了当地的气候和生活环境，还孕育了新的生命ROCKIE！2016年5月，我随四川代表团在香港做“四川周”活动期间，还特意多次到川金丝猴馆去观察乐乐和琪琪，并将他俩恋爱的消息及图片发回成都动物园。成都和香港，因为乐乐和琪琪，俨然成为一个团队。

B超显示：乐乐怀孕了，众人嘻嘻。

乐乐孕期超过理论值222天，成都动物园和香港海洋公园更加关注它了，

终于，ROCKIE顺利出生了！这是在香港出生的第一只川金丝猴。这凝聚了成都和香港动物园人对川金丝猴深深的爱。ROCKIE，中文就译为“乐奇”，是让大家都记得它是“乐乐”和“琪琪”的后代。它将在妈妈的呵护下健康成长着。

乐乐、琪琪及乐奇的欢跳腾跃，为繁忙的香港市民带来无尽的喜悦。

乐奇在玩耍　香港海洋公园提供

我们的故事

长期在动物园工作，我和川金丝猴自然有许多故事。今天，讲讲我的川金丝猴科考故事吧！我去过多次野外，一直期待能够亲眼见到川金丝猴的身影。在野外，我曾两次亲耳听到它的声音，一次看到它的粪便。

第一次听到金丝猴的叫声，是很久很久以前的事情了。那时，我还是四川大学生物系的一名大学生。1988年的4月，我们一行20多人，在大邑县黑水河自然保护区考察。

年轻的大学生们在山上奔上奔下一天，好兴奋，好辛苦，也好惊喜。天暗了下来，晚上，我们在“金猴峰”休息。当时的条件很差，大家睡通铺，男女各占一边。夜深了，四周静悄悄，谈话声也渐渐少了。突然，我听见了“wa……wa……”一声接一声，“wa……wa……”的声音在山中回荡，我好害怕。“杨老师，你没有睡着吧？你听到叫声了吗？这是什么动物的声音呢？”紧张的我轻声问了问我们最敬佩的知性美女杨玉华老师。“嗯，是川金丝猴的叫声。”杨老师轻声告诉我。“可能是宝宝在呼唤妈妈。”“休息吧。”有杨老师在我身边，顿时什么我也不怕了。

第二天一早，我们又讨论起川金丝猴的声音的事。休息得早的同学，没有听到，觉得好遗憾。但好几个同学与我一样都听到那空灵的声音。

“金猴峰”，这个地名太贴切了。金猴峰，真是川金丝猴的地盘啊。

第二次到唐家河考察，幸运的是，不仅听到了川金丝猴的叫声，还看到了川金丝猴的粪便。

听说在摩天岭有成群川金丝猴出现，我们立刻兴奋起来。参加考察的，无论是大学老师、志愿者、大学生，还是我，都充满期待。

天空从头天夜晚就开始飘散着雪花，地面也积起薄薄的一层雪。

雪花飞舞，也难以阻挡我们前行的步伐。

“走，看川金丝猴。”

“别错过，难得的机会哦。”

为了和川金丝猴“约会”，也不顾天寒地冻，此时地面已经聚集差不多5厘米的积雪，我们开着保护区的四驱车向目的地挺进。

雪路，车压在雪上“吱吱”作响,让人心紧，但是，川金丝猴太诱惑我们了，大家依然艰难地行进着。一路上，可以看到动物在雪地留下的足迹。足迹，一会是大的，一会又是小的，动物种类还真不少。

慢慢地，终于到了摩天岭。“现在是下午了,今天可能看不到川金丝猴了。早上，它们都在对面马路上便便了的。”保护站上的小张一见面就给我泼了冷水。我和复旦大学生命科学院李一忱同学顿时觉得好失望呀。“不要失望哈。我还是可以给你们爆点猛料。”小张继续说。“什么？”我们的兴趣马上被提起来了。“走，看粪便。”川金丝猴的粪便，野外的，哦，我从来没有见过。我们马上跟随小张在山间走了15分钟的雪路，小杨的鞋子都被雪水浸湿了。在小张的引导下，我终于看到野外川金丝猴的粪便了。的确，和圈养的川金丝猴的粪便很不同，差别太大。“一看形状不同，野外的粪便是疙瘩的，动物园的粪便是条形的。”我耐心给李同学交流着，“再看颜色，也很不同，这个是野外，有点黄，是陈旧的；而动物园的，都是新鲜的，黑绿黑绿的。”“如果不是亲自所见，我就是看到，也不知道这就是川金丝猴的粪便啊。”李同学说的也是老实话。

川金丝猴的粪便　唐家河保护区提供

在唐家河自然保护区再次听到川金丝猴的叫声，是在到达这里的第二天早上。天不亮，我们就到野外“邂逅”动物，呼吸新鲜空气。“哦……”“哦……”“哦……”林中传来阵阵叫声。“听，是川金丝猴给我们打招呼了。”唐家河保护区李明富笑着给我们一行说道。我真想去见一面。可是，听声音就知道是在摩天岭方向。今天，是去不了摩天岭了。我又把希望留给了未来。

川金丝猴，我期待与你在野外近距离的相见。

致谢

从零字符，到12万字，到如今《带你去科考—— 动物探秘》即将出版，在感叹时光飞逝的同时，我在忙碌中更多地感受到成长的快乐和喜悦。在此，我真诚地感谢所有对本书的创作和出版给予支持和关怀的老师和朋友们。

首先，由衷地感谢我的导师们。还记得在1989年四川动物学会开工作讨论会的个别交流时间，胡锦矗先生慎重地给我说："你应该去做科普工作。"30年来，亲切的话语依然回荡在我的耳边，我在野生动物保护道路中逐步领会了其深刻含义。谢谢胡锦矗导师为我指明了科普方向。在业余进行科普写作的过程中，董仁威老师无疑是我最尊敬的导师。他不仅启发我写作的思路，还在我倦怠之时，对我及时进行鞭策，促使我更加勤奋耕耘。

此书能够得以出版，还得益于唐家河国家级自然保护区等保护机构为我提供实践的机会，并提供了大量珍贵照片。他们的帮助是无私的。我们一起努力，在培养公众对野生动物保护的关注度中做了许多有益工作。

最难忘的是王强和余建秋二位领导的支持。他们高度重视野生动物综合保护工作，关心野生动物科考。王强园长热情地指导我与相关保护区联系，审阅了所有的文稿，并进行指正。感谢胡彦、周密、王雪蓉、王志瑞、林顺秀、钱鹏、徐蓉芳、何倩、曾晓英、陈锐、谭琴、李婕、李萱菲、邓锐、黄敏、童霞、邓梦雅、刘梅龄、陈冠全、刘倍辰、刘鸣、程建在我写作过程中给予的帮助，感谢你们一遍又一遍的阅读以及富有参考意义的评估意见。

还必须提到出版社和编辑的成绩。感谢希望出版社翟丽莎编辑在我初稿基本完成时就对本书大加肯定；四川大学出版社熊渝社长曾向我伸出过援助之手；四川科学技术出版社编辑们孜孜不倦的努力让我受益匪浅。

成都大熊猫繁育研究基金会刘建雄和闫虹也十分关心我写作的进展。

感谢唐家河国家级自然保护区李明富、卧龙国家级自然保护区何晓安、龙溪——虹口国家级自然保护区赵子龙、黑水河省级自然保护区张剑、野性中国奚志农等提供大量精美的照片。赵尔宓、胡锦矗、龙勇诚、黄乘明、杨奇森、崔多英等专家不仅在精神上鼓励我，还提供了大量生动翔实的素材，特别是相关照片。云南大理医学院肖文虽素未谋面，仍提供照片和线索。当然，还要谢谢北京动物园叶明霞、上海动物园李淳、西华师范大学胡杰，以及李峰、石凌和伍程钺的无私援助。

感谢爸爸、妈妈对我的培养，让幼年的我对美丽的大自然充满好奇，徜徉在大自然的独特体验早已成为爱的种子播撒在我心间。他们还一直作为坚强后盾，鼓励入职后的我勤奋写作。

最后，万分感谢我的先生和女儿给予的支持。因为我常常是在业余时间写作，交流和陪伴的时间减少，但他们毫无怨言——家人的支持是我不断前进的力量源泉。

本书凝聚着我对野生动物保护事业的热爱。

大自然如此美丽和神秘，它深深地吸引着我，促使我不断地探索。在感谢同仁支持的同时，我更希望读者能够从本书中了解到科考的意义，体味到科考的艰辛与乐趣，进而加入到保护野生动物、保护大自然的队伍中来。

著　者